Level UP

3-step

파워

스도쿠

국립중앙도서관 출판시도서목록(CIP)

(Level up 3-step) 파워 스도쿠 :
고급 = Power sudoku / 퍼즐아카데미 연구회 편.
— 서울 : 창, 2013   p. ; cm

ISBN 978-89-7453-210-9 13410 : \7000
두뇌 개발[頭腦開發] 숫자 퍼즐[數字—]

691.4-KDC5
795.3-DDC21   CIP2013003537

L̇evel ᵘᵖ 3-step 파워 스도쿠 고급

2013년 4월 20일 개정판 1쇄 발행
2025년 9월 20일 개정판 12쇄 발행

지은이 | 퍼즐아카데미 연구회 편
펴낸이 | 이규인
편 집 | 박선영
펴낸곳 | 도서출판 **창**
등록번호 | 제15-454호
등록일자 | 2004년 3월 25일

주소 | 서울시 영등포구 문래북로116 903호(문래동3가 트리플렉스)
전화 | (02) 322-2686, 2687 / **팩시밀리** | (02) 326-3218
홈페이지 | http://www.changbook.co.kr
e-mail | changbook1@hanmail.net

ISBN 978-89-7453-210-9 13410

정가 7,000원

Level up 고급

3-step

파워
스도쿠

6 2 7 8 1 4 5 3 9

퍼즐아카데미연구회 편

창
Chang
Books

세계는 지금 스도쿠 열풍에 빠지다!

스도쿠란 무엇인가?

전 세계는 지금 스도쿠 열풍에 빠져 있다. 매일 매일 새로운 신문의 한쪽을 할애하여 스도쿠 퍼즐을 연재하고 있으며, 극심한 불황의 그늘이 드리워진 서점가에서도 선방을 하고 있는 책이 바로 스도쿠 퍼즐에 관한 책이다.

숫자퍼즐 '스도쿠'는 플레이스테이션 세대에게 종이와 연필을 사용해 즐거움을 느끼게 한 21세기의 위대한 아이디어 50선에 꼽히며, 영국의 경제주간지 〈이코노미스트〉는 스도쿠를 일컬어 '게임 규칙이 워낙 단순해서 누구나 쉽게 도전할 수 있지만, 그만큼 풀기가 만만치 않은 지능형 게임'이라 정의한 바 있다.

게임 전문지도 아닌 경제지가 하나의 게임을 두고 이렇

듯 호평을 늘어놓은 바로 이 게임 스도쿠는, 단순히 게임 마니아의 전유물이 아니라 지적 욕구를 가진 모든 사람들에게 대중적으로 어필되는 게임임을 시의 적절하게 진단한 것으로 예측할 수 있다.

나라와 인종, 그리고 나이를 초월하며 전 세계인의 인기를 한 몸에 받는 스도쿠의 매력은 수리력이나 어떠한 지식 없이 전적으로 논리적 사고에 의해 풀 수 있는 대단히 실리적인 게임이라 할 수 있다. 또한 자신의 실력에 맞는 난이도에 따라 게임을 하면서 자신도 모르는 사이에 논리력은 물론 집중력과 창의력이 동시에 발달되며, 더 나아가 정서적으로 긍정의 힘을 믿게 만드는 감성게임이라 할 수 있다.

그렇다면 스도쿠란 과연 무엇인가? 스도쿠는 18세기 스위스의 수학자 레온하르트 오일러가 만든 '마술 사각형(Magic Square)'을 1980년대 일본의 퍼즐 회사가 본격적으로 게임화한 것을 말한다. 스도쿠는 숫자를 이용해 논리력을 테스트하기 위해 고안된 퍼즐이다. 일본어인 스도쿠는 숫자(number)를 뜻하는 스(數, su)와 혼자(single)를 뜻하는 도쿠(獨, doku)를 조합한 단어로, 쉬운 말로 풀이하면 '한 자리 수' 정도로 이해할 수 있다.

지금 시중에 나와 있는 거의 모든 스도쿠 퍼즐은 논리적으로 풀어낼 수 있는 것으로, 복잡한 수학적인 계산은 전혀

할 필요가 없다. 따라서 숫자만 생각하면 머리부터 아프다는 숫자 기피증 환자도 스도쿠만큼은 전혀 걱정하지 않아도 되는데 여기서 숫자는 스도쿠를 푸는데 필요한 단순한 수단일 뿐이기 때문이다.

스도쿠 규칙

1. 모든 가로 9칸, 세로 9칸에 1부터 9의 숫자가 겹치지 않게 하나씩 들어간다.
2. 굵은 테두리의 3×3의 블록 안에도 1부터 9의 숫자가 겹치지 않게 하나씩 들어간다.

스도쿠 문제 푸는 기본 방법

스도쿠의 문제 푸는 기본 방법을 알면 어떤 문제도 쉽게 풀 수 있다.

❶ 숫자가 중복되지 않는 영역을 찾아라!

그림 정 중앙에 1이 있다면 가로줄, 세로줄, 3×3 박스의 표시된 영역에는 1이 들어갈 수 없다.

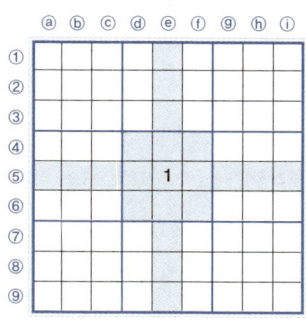

❷ 다른 블록에서 찾을 숫자의 영역을 없앤다!

오른쪽 그림과 같은 경우에, 다른 블록에 있는 1을 찾아 표시해 보면 ★에 들어갈 숫자는 1이 된다.

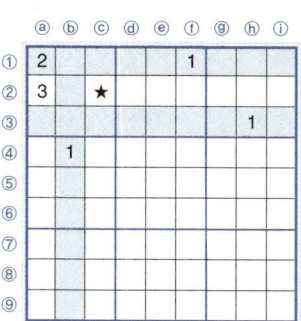

❸ 다른 블록에서 찾을 숫자의 영역을 없앤다!

오른쪽 그림의 스도쿠와 같이 가로줄의 다른 블록에 1이 있어 ②번 가로줄에는 숫자 1이 들어갈 수 없다. 따라서 ⓑ③ 칸의 ★에는 숫자 1이 들어간다.

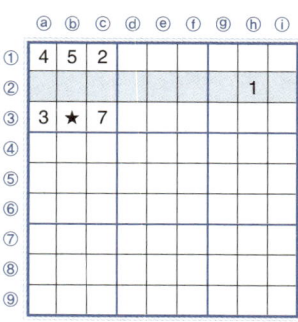

❹ 가능성을 제거하라!

오른쪽 그림의 스도쿠와 같은 경우에는 ★이 있는 3×3에 남은 숫자 [2, 4, 7, 8, 9]가 들어갈 수 있다. 다른 블록인 ⓕ세로줄에 숫자 2와 9가, ④가로줄에 숫자 4와 8이 겹치게 되어 ★에는 숫자 7이 들어가게 된다.

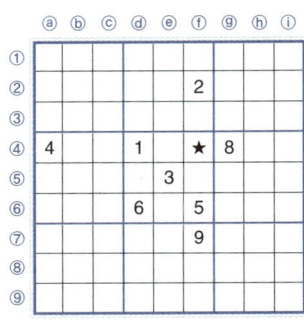

❺ 가장 많은 숫자를 찾는다.

스도쿠 블록 안에 포함된 숫자 중 가장 많은 숫자를 찾아 가능한 숫자를 모두 제거한다. 가장 많은 숫자인 7의 가로줄, 세로줄, 3×3 블록을 표시하면 ⑥ ⓒ번의 자리만 빈 칸이 된다. 즉 유일하게 7을 넣을 수 있는 자리가 생기므로 보다 쉽게 정답을 찾을 수 있다.

	ⓐ	ⓑ	ⓒ	ⓓ	ⓔ	ⓕ	ⓖ	ⓗ	ⓘ
①	7	3		9			2	8	5
②	5	8		7	2	3	9	4	
③	9		4		8		7	6	3
④		5	9	2		4		7	6
⑤		6	7				4	5	
⑥	3	4		6		5	8	1	
⑦	6	7	8		9		5		4
⑧		9	5	3	6	7		2	8
⑨	2	1	3			8		9	7

❻ 가장 적게 남은 칸을 찾는다.

가장 적게 남은 3×3 안에 비어 있는 숫자를 넣어준다. ★에 1을 넣으면 ⓑ세로줄에 1이 있어 ①ⓒ도 1이 된다.

	ⓐ	ⓑ	ⓒ	ⓓ	ⓔ	ⓕ	ⓖ	ⓗ	ⓘ
①	7	3	★	9			2	8	5
②	5	8		7	2	3	9	4	★
③	9		4		8		7	6	3
④		5	9	2		4		7	6
⑤		6	7				4	5	
⑥	3	4		6	7	5	8	1	
⑦	6	7	8		9		5		4
⑧		9	5	3	6	7		2	8
⑨	2	1	3			8		9	7

❼ 가로줄, 세로줄, 3×3 블록의 같은 숫자를 확인하라!

3×3의 블록 안에 같은 숫자가 있을 경우 나머지 3×3 박스의 숫자를 찾는 것이 좀 더 쉽다. 맨 위의 가운데와 오른쪽 박스 안에 겹쳐 있는 2의 숫자 영역을 뺀 나머지인 ★에는 2가 들어가고, ☆에는 6이 들어간다.

	ⓐ	ⓑ	ⓒ	ⓓ	ⓔ	ⓕ	ⓖ	ⓗ	ⓘ
①	7	3	1	9			2	8	5
②	5	8	☆	7	2	3	9	4	1
③	9	★	4		8		7	6	3
④		5	9	2		4		7	6
⑤		6	7				4	5	
⑥	3	4		6	7	5	8	1	
⑦	6	7	8		9		5		4
⑧		9	5	3	6	7		2	8
⑨	2	1	3			8		9	7

❽ 이어지는 힌트를 찾아라!

❼에서 새롭게 찾아진 6의 숫자가 있는 칸을 맨 위의 박스 가로줄에 별색으로 표시

	ⓐ	ⓑ	ⓒ	ⓓ	ⓔ	ⓕ	ⓖ	ⓗ	ⓘ
①	7	3	1	9		★	2	8	5
②	5	8	6	7	2	3	9	4	1
③	9	2	4		8		7	6	3
④		5	9	2		4		7	6
⑤		6	7				4	5	
⑥	3	4		6	7	5	8	1	
⑦	6	7	8		9		5		4
⑧		9	5	3	6	7		2	8
⑨	2	1	3			8		9	7

해 보면 ①의 ⓔ와 ⓕ에만 6이 들어갈 수 있다. 다시 세로줄 박스에서 숫자 6을 찾아 ⓔ를 제거하면 ★칸에 6이 들어가는 것을 알 수 있다.

	ⓐ	ⓑ	ⓒ	ⓓ	ⓔ	ⓕ	ⓖ	ⓗ	ⓘ
①	7	3	1	9	㉠	★	2	8	5
②	5	8	6	7	2	3	9	4	1
③	9	2	4	㉡	8	㉢	7	6	3
④		5	9	2		4		7	6
⑤		6	7				4	5	
⑥	3	4		6	7	5	8	1	
⑦	6	7	8		9		5		4
⑧		9	5	3	6	7		2	8
⑨	2	1	3			8		9	7

❾ 가로줄, 세로줄, 3×3 블록에 적게 남은 빈 칸을 확인하라!

맨 위의 가운데 박스의 빈 칸 3개를 찾기 위해서는 채워진 숫자의 나머지 숫자인 1, 4, 5를 각 칸에 미리 대입해서 넣어보고 주변 블록이나 가로줄, 세로줄에 같은 숫자가 겹치는가를 확인하면 된다.

①ⓔ에는 ①의 가로줄에 1, 5가 있어 유일하게 숫자 4만 넣을 수 있으며, ⓕ세로줄에는 4, 5가 있어 ③ⓕ에는 유일하게 숫자 1만 넣을 수 있다. 따라서 나머지 ③ⓓ에는 숫자 5가 들어간다.

자, 이제 스도쿠 푸는 방법도 익혔으니 쉬운 문제부터 차근차근 풀어보도록 하자.

CONTENTS

POWER SUDOKU

Free Question 01

Level up

6 2 7 8 1 4 5 3 9

3-step
파워
스도쿠

1단계

Level

POWER SUDOKU

Question 01

4	9	7		5			6	
5				3				
6					4			1
	3	1	5					
					1	2	5	
3			2					9
				1				7
	8			4		3	2	5

DATE:

TIME:

Question 0**2**

			7		8	9		
1		4						2
					9			3
	1			6	5		2	
		9				8		
	6		2	8			3	
9			6					
7						5		4
		6	5		1			

LEVEL
1

LEVEL
2

LEVEL
3

DATE:

TIME:

Question 03

	9			4				
						1	2	
		6		3	7		5	4
		7			3		4	
	3						6	
	1		4			7		
2	7		6	8		5		
	5	8						
				5			3	

	9			1		7		
1	6				3			
8			2		5		1	
		2	9			6		
		8			6	2		
	8		3		9			5
			5				2	7
		6		7			4	

LEVEL
1

LEVEL
2

LEVEL
3

DATE:

TIME:

Question 05

2	4					7		
	1		6	8		2		
		8		9				3
							1	
		2	1		9	4		
	7							
3				2		5		
		9		6	4		7	
		1					2	9

DATE:

TIME:

Question **06**

	1		8					5
		9		1				6
				3			4	8
9	7						6	
			2		6			
	6						7	1
4	8			9				
1				8		9		
3					7		5	

LEVEL
1

LEVEL
2

LEVEL
3

DATE:

TIME:

Question 07

		5			9		3	
				7	6			
		9	1			4		
	1	4			2	6		
3								4
		6	3			5	7	
		1			3	9		
			4	9				
	2		5			8		

DATE:

TIME:

	5			8			2	
		7	2		6			
	3		9	5				4
	9		7					
1								9
					4		8	
9				7	8		4	
		4		5	6			
	7			2			3	

DATE:

TIME:

LEVEL 1

LEVEL 2

LEVEL 3

021

Question 09

			6				9	
3								4
7			9		8	3		
8	5	6			2			
	3						6	
			7			2	3	5
		8	3		7			6
5								8
	4				1			

DATE:

TIME:

	3						1	
				4			6	
4		8		1	5			3
							8	4
1			5		4			2
5	9							
9			2	6		1		7
	1			5				
	2						3	

LEVEL
1

LEVEL
2

LEVEL
3

DATE:

TIME:

Question 11

			7		3	1	5	
		3		1				7
	7					9		
			9				3	2
		5		6				
5	2		7					
	4						7	
3			4		6			
5	8	6		9				

DATE:

TIME:

			8				2	
				4		6		
3	2		1					8
8		2		9				7
		3				5		
1				5		2		9
6					9		3	1
		4		8				
	1				3			

DATE:

TIME:

Question 13

	3		1		8			5
	8							
				6	5	4		
	1	8		2			7	
			6		7			
	7			8		1	9	
		5	8	9				
							1	
2			4		3		5	

DATE:

TIME:

Question **14**

		6			1	2		
3				5		4		
	2		3	6			9	
6		1	9					
					3	9		5
	9			8	7		6	
		7		3				1
		8	4			7		

LEVEL
1

LEVEL
2

LEVEL
3

DATE:

TIME:

POWER
SUDOKU

Question 15

9				7			4	
6	1	5						
	3		2					
	2	7	5		6			
	4						8	
			1		4	2	6	
				2			3	
						6	5	4
	5			4				9

DATE:

TIME:

		2			4			
9				3			2	1
	1	7		8				5
7					9			
6								4
			2					7
3				2		8	4	
8	6			1				3
			3			1		

LEVEL
1

LEVEL
2

LEVEL
3

DATE:

TIME:

Question 17

					6		5	
			2				7	6
		1						8
7			5	2		1		
3		9				2		7
		6		9	8			3
2						8		
	9	3			4			
	1		6					

DATE:

TIME:

	6			4				
			7	1		9	2	
4		2						1
		3		4				7
	9						3	
6			9		7			
2						5		8
	4	7		9	5			
				8			4	

DATE:

TIME:

Question **19**

	5		3		4		7	
3								4
4				8				1
			5		1			
6		8				4		5
			8		7			
7				2				8
1								9
	3		7		9		2	

DATE:

TIME:

Question **20**

	6					4		3
1		5		3			6	
			2				1	
				5		6		
8		3				5		2
		2		7				
	1				7			
	2			6		1		4
9		4					8	

LEVEL **1**

LEVEL **2**

LEVEL **3**

DATE:

TIME:

033

POWER
SUDOKU

Question 21

			5	8		6	1	4
1	6	3						
						2		
7		2			8		3	
	5		7			9		6
		7						
						1	6	5
9	2	5		1	4			

DATE:

TIME:

POWER SUDOKU

1

	9		3		5		1	
		7				2		
	8						7	
9				6				3
3			5		2			8
7				8				9
	4						3	
		2				4		
	7		8		1		5	

LEVEL 1
LEVEL 2
LEVEL 3

DATE:

TIME:

035

Question **23**

				8	4	3		
		3			2			6
4							8	7
7			5					
	8		1		7		6	
			6					2
2	5							9
6			9			4		
		7	4	2				

DATE:

TIME:

9		2						6
8			3		5			
				7		2	8	
	5	7						
1			2		8			7
						1	3	
	3	4		6				
			8		1			5
5						9		3

LEVEL
1

LEVEL
2

LEVEL
3

DATE:

TIME:

Question 25

					6			
4				2				7
5					7		2	3
1				7	3	6		
	8						1	
		3	8	4				9
8	4		3					6
6				8				5
			7					

DATE:

TIME:

Question **26**

2	8	5		9				
	7		2	8				6
6								
			7		3			
7		2				3		4
			8		5			
								8
1				5	9		7	
				7		5	4	9

LEVEL **1**

LEVEL **2**

LEVEL **3**

DATE:

TIME:

POWER SUDOKU

Question 27

	5	2						
6			9	7				
		9			8			2
					9		7	4
	4	3				2	1	
5	8		1					
2			3			4		
				5	7			1
						3	5	

DATE:

TIME:

3				6	2		9	
					9		6	
			7					5
1	4	6		7				
8								2
				5		7	1	4
6					5			
	2		4					
	7		8	9				3

LEVEL
1

LEVEL
2

LEVEL
3

DATE:

TIME:

Question 29

	2	8					9	7
	5		6					
6				2		4		
			5		2			6
	6						7	
5			1		8			
		7		9				5
					3		1	
1	3					7	2	

DATE:

TIME:

			1		4	6		
				9			8	
7	9		5					
	3	7		1				
2		8				7		3
				6		2	4	
					9		5	4
	2			5				
		3	4		7			

LEVEL
1

LEVEL
2

LEVEL
3

DATE:

TIME:

Question **31**

	6						5	
7								8
		8	3		9	1		
				5				
	5		4		2		6	
			6					
		7	1		3	4		
3								2
	2						8	

DATE:

TIME:

Question **32**

		1		9				
7	4		6					
					2	3		
	2	5		8				
		8				1		
				3		6	7	
		2	1					
					6		4	7
				4		5		

LEVEL
1

LEVEL
2

LEVEL
3

DATE:

TIME:

045

Question **33**

8			6					4
2								
	7	3		5		1		
				2	5			
9								6
			7	1				
	1			3		7	9	
								1
4					9			3

DATE:

TIME:

					4			6
		5				8	2	
4					1			
7				9			6	
		1				7		
	8			5				3
			4					9
	9	3				1		
6			7					

DATE:

TIME:

Question 35

		1						3
		9				2		
5		3		8			6	
			4	6				
3								9
		1	2					
	4			5		6		8
	8					9		
7						1		

DATE:

TIME:

						9		
				3	5		8	
	4	7		1				2
	8							
5			8		1			6
							3	
9				7		5	1	
	3		4	2				
		6						

LEVEL **1**

LEVEL **2**

LEVEL **3**

DATE:

TIME:

Question 37

		5	6			3		
1	6				7			
8				5				
			8			9		
		2				4		
		9			1			
			7					8
			3				2	6
		3			2	1		

DATE:

TIME:

	8						9	7
			9					6
	3			7	2			
			8			1		
	5						8	
		6			1			
			7	6			1	
9					5			
3	2						4	

DATE:

TIME:

Question 39

		8		3			6	
2					5		7	
						2	8	
				9				
	9		1		3		5	
			4					
	6	4						
	8		9					4
	1			2		3		

7			1					3
	8					2		
				5	4			
	2			8				
	1	6				4	9	
				7			5	
			7	2				
		5					7	
9					6			8

LEVEL
1

LEVEL
2

LEVEL
3

DATE:

TIME:

Question 41

	8			4			2	7
			3	5			1	
							8	
						5		
	1	8		6	4			
	7							
3								
4			7	9				
5	2		3			6		

DATE:

TIME:

		1			9			
2						5	1	
		7		6				
				2		4	7	
4								1
	8	9		3				
				4		8		
	3	8						5
			9			7		

LEVEL 1

LEVEL 2

LEVEL 3

DATE:

TIME:

POWER SUDOKU

		3		9		6		
	2			3				
					4		7	
7			2					
4		1				3		5
				8				6
	7		1					
				4			1	
		9		2		5		

DATE:

TIME:

2			3				8	
		3					1	
		8						6
	9			1				8
5								4
3				9			5	
6					9			
	7					4		
	1				4			2

LEVEL
1

LEVEL
2

LEVEL
3

DATE:

TIME:

POWER SUDOKU

Question **45**

		2					8	
	6			3			5	
					9			
	9	8			4			3
			6		7			
1			8			4	2	
			2					
	5			7			6	
	4					9		

DATE:

TIME:

						4		5
7	4					8		
					3		1	
		3		6			2	
			2		1			
	5			4		7		
	1		7					
		8					3	6
9		6						

DATE:

TIME:

Question **47**

	2				1	9		
	3	1	4					
								7
			8		2			
5			7		9			6
		4		3				
8								
					5	3	1	
		7	2				8	

DATE:

TIME:

1

			1			8		
7				8	3			
	1						4	2
6						3		
		9		4				
		2						6
3	4						5	
		2	7					9
		1		5				

LEVEL
1

LEVEL
2

LEVEL
3

DATE:

TIME:

061

Question **49**

8	3		4			9		
				2				
					6		7	
				9		1		
3	4						6	8
	5		7					
	7		3					
			8					
	6			2			1	5

Question **50**

				3	8			7
				4		5	9	2
		2						
					5	4		
	2						7	
		9	6					
						6		
6	4	3		8				
1			9	5				

LEVEL **1**

LEVEL **2**

LEVEL **3**

DATE:

TIME:

POWER
SUDOKU

Free Question 0**2**

Level up

6 2 7 8 1 4 5 3 9

3-step
파워
스도쿠

2단계

Level 2

POWER SUDOKU

Question **51**

		4				2		
				8				
	5		6		3		1	
2			9		7			4
	8						7	
6			4		8			1
	7		3		1		9	
			7					
		2				8		

DATE:

TIME:

4			5			9		7
						2		
3	1		9					
				7		5		9
			4		1			
1		6		9				
					3		8	2
	3							
7		8			5			4

LEVEL 1

LEVEL 2

LEVEL 3

DATE:

TIME:

Question **53**

9		3				2		
	1	5		8				
		4					6	
2					6	3		
			5		2			
		1	7					8
	6					8		
				5		7	4	
		2				5		6

DATE:

TIME:

Question **54**

4	2			1				
5					7			8
6						5		
	7			6				
	8		3		9		7	
				8			4	
		5						9
8			2					1
				4			3	2

LEVEL
1

LEVEL
2

LEVEL
3

DATE:

TIME:

Question **55**

5					9			3
		2						
			2	7			9	
2				1		8		
		5	9		8	4		
		1		4				7
	6			3	2			
						5		
3			7					2

DATE:

TIME:

Question **56**

3						8		
6			4					3
		8		5	9		7	
				4	2			
		3				4		
			9	7				
	4		1	8		6		
1					6			8
		9						2

LEVEL 1

LEVEL 2

LEVEL 3

DATE:

TIME:

POWER SUDOKU

Question 57

	1	6	5					
	9						1	3
				4				9
				7				4
	2	1		3	8			
9				6				
8				1				
5	4						6	
					2	9	5	

DATE:

TIME:

072 • 3-step 파워 스도쿠 – 2단계

						1		
	9		2			3	6	
3	8				7			
		7		4			8	
			9		6			
	2			8		9		
			3				1	2
	1	8			4		7	
		5						

LEVEL 1

LEVEL 2

LEVEL 3

DATE:

TIME:

Question 59

6				2	9		8	
					1			9
	4					2		
	7	1			5			
		6		8				
	2			4	3			
	9						7	
1		9						
	5	8	7					6

DATE:

TIME:

	6	2	3			9		
								5
1					5			2
		1		6				3
			8		1			
8				7		2		
3			5					9
7								
		4			7	8	2	

LEVEL
1

LEVEL
2

LEVEL
3

DATE:

TIME:

Question 61

								1
			8	2				
	5					4		6
6		3		5	1			7
	9						5	
2			4	8		1		9
4		9					8	
			6	9				
3								

DATE:

TIME:

					5	7		
6	9			2				
2		4	6					
		1	3	9				
	4						7	
				5	4	2		
					7	5		9
			6				8	1
		8	4					

LEVEL
1

LEVEL
2

LEVEL
3

DATE:

TIME:

POWER
SUDOKU

Question 63

2				2			8		

2			2				8	
			2				3	
5	6			4				
9	8			5		4		
3								7
		4		1			9	5
				7			2	4
	9				3			
		6						8

DATE:

TIME:

				8				
	1				3	2	8	
	4		7					
	3			5		6		
1			6		8			7
		5		2			4	
					2		5	
	9	7	1				2	
				6				

LEVEL
1

LEVEL
2

LEVEL
3

DATE:

TIME:

Question 65

				7	4		9	
4								
	5		6			1		
7				4		3		
2			8		9			6
	4			3				8
	1				3	6		
								2
	9		7	1				

DATE:

TIME:

	7		3					
	9	2			1		6	
1			7					
			9					4
	5		4		7		1	
3					2			
					4			2
	3		8			7	5	
					5		8	

LEVEL 1

LEVEL 2

LEVEL 3

DATE:

TIME:

Question **67**

3	4		6	7				
		9						
8	5					9		
		4	9		8			
		6				5		
			3		2	7		
		7					3	6
						2		
			2	1			5	9

DATE:

TIME:

		7		6				5
2	8				4		9	
						1		
				5	1	2	8	
	7	4	6	3				
		9						
	4		3				2	7
5				8		6		

LEVEL 1

LEVEL 2

LEVEL 3

DATE:

TIME:

Question **69**

7							1	3	5
6				8					
4					2				
		8	4		9				
	6							5	
			5		3	2			
			2						8
			7						6
9	5	7							1

DATE:

TIME:

		6						
	2			9	7			6
		5		6			3	
3	9	1			6			
			1			7	2	9
	7			8		5		
4			2	5			8	
						6		

DATE:

TIME:

Question 71

2							8	
8	6	4		3				
			5	9				
		6	2			7	5	
	2	9			5	6		
				1	9			
				2		4	3	8
	3							1

DATE:

TIME:

						3		
			2		6			1
8			7			4		
	4			5			2	
7			6		8			4
	3			7			5	
		9			4			7
5			9		3			
		2						

LEVEL
1

LEVEL
2

LEVEL
3

DATE:

TIME:

Question **73**

		9	7	2			3	
2	8						5	
								1
			4		7			6
8								5
3			9		1			
4								
	2						9	7
	7			3	8	1		

DATE:

TIME:

2

POWER SUDOKU

Question **74**

4	1				9	7		
		8						1
	9					4	2	
			3	2				7
5		6	4					
	3	1					5	
2				8				
		9	5				4	8

LEVEL
1

LEVEL
2

LEVEL
3

DATE:

TIME:

Question 75

	9	2			4			
				2				6
		8				3		2
7				1				
	5		9		3		8	
			5					9
1		6				9		
5				7				
			2			8	5	

DATE:

TIME:

Question **76**

			1	8		6		
		5	2					
7							2	
				6			3	4
3			8		4			5
9	6			7				
	9							6
					8	4		
		2		1	5			

LEVEL
1

LEVEL
2

LEVEL
3

DATE:

TIME:

Question 77

					1			9
4			5				1	
				2				3
8	6		4					
	7		8		6		2	
					5		4	8
3				5				
		1			7			2
5			9					

DATE:

TIME:

Question **78**

			9			3		
			5			7		
6	2			7				
				1			3	5
		6	3		4	8		
1	4			8				
				9			8	6
		4			6			
		5			7			

LEVEL
1

LEVEL
2

LEVEL
3

DATE:

TIME:

Question 79

							3	
			6	2		1		9
5		4			7			8
		1	2					
			7		4			
				3	2			
7			3			9		4
9		2		5	8			
	5							

DATE:

TIME:

		6		5			9	
4						7		
	2		3					8
				3		1		
7			8		9			6
		5		2				
8					7		5	
		4						1
	3			6		2		

LEVEL
1

LEVEL
2

LEVEL
3

DATE:

TIME:

POWER SUDOKU

Question **81**

	5				4			
		8		9		6		2
	7						8	
9				8				
	4		6		3		5	
				1				4
	6						2	
3		5		6		7		
			9				3	

DATE:

TIME:

POWER SUDOKU

8	2						5	6
4				9				1
				7				
		2		4				
	6		1		3		7	
			8		2			
		9						
1				7				9
5	9						6	8

LEVEL 1

LEVEL 2

LEVEL 3

DATE:

TIME:

POWER SUDOKU

Question **83**

7						4	2	
4			1	9		3		
5				6				
							6	5
			8		1			
8	4							
				5				7
		7		1	4			3
	8	6						9

DATE:

TIME:

			7		2			
		7		1				
		4				7	3	
9				6				2
	5		4		1		7	
1				3				8
	8	9				4		
				8		5		
			2		5			

LEVEL 1

LEVEL 2

LEVEL 3

DATE:

TIME:

Question **85**

		7			9			
	3			5			7	
		1				8		2
6			7		1			
	8						9	
			2		4			5
9		5				2		
	2			6			8	
		3			6			

DATE:

TIME:

				6		4		
		5			7			
7		9				5	8	
	4			9				
3			2		8			5
				4			2	
	1	3				7		6
			1			9		
		6		5				

LEVEL 1

LEVEL 2

LEVEL 3

DATE:

TIME:

Question **87**

				3		7		
				8	1			
5			4					
	5		7		6	4		
2	4						9	6
		9	8		4		3	
					5			2
			3	7				
		8		1				

DATE:

TIME:

				9	1		4	
1	2	3					6	
							3	
2			5		7			
6								4
			1		8			9
	4							
	1					8	7	5
	9		6	8				

LEVEL
1

LEVEL
2

LEVEL
3

DATE:

TIME:

103

Question **89**

6				9	2			
3						5	4	
	5		3					
1				5				
4	2						7	6
				7				1
					9		3	
	9	3						8
			4	6				9

DATE:

TIME:

Question **90**

9								2
	6						3	
			2	7	3			
	5			8			1	
2		8				9		4
	3			5			8	
			9	1	4			
	8						4	
6								5

LEVEL 1

LEVEL 2

LEVEL 3

DATE:

TIME:

POWER SUDOKU

Question 91

3	9			5				1
								2
		5	4			7		
				6		5		
1			3		9			8
		2		8				
		1			2	3		
8								
4				9			8	7

DATE:

TIME:

			8			1		
7		6		3			9	2
							7	
	4	7					3	
			1		7			
	5					6	2	
	9							
5	2			4		8		3
		8			6			

LEVEL
1

LEVEL
2

LEVEL
3

DATE:

TIME:

Question **93**

4	2		7					8
			2					5
		1				7		
				7			3	6
			4		8			
9	1			5				
		9				3		
5					1			
8					2		7	9

DATE:

TIME:

Question **94**

8		2			4			
		3		5	2		6	
9			8			1		
								9
			4		5			
1								
		9			8			3
	5		7	1		9		
			6			2		8

LEVEL
1

LEVEL
2

LEVEL
3

DATE:

TIME:

Question **95**

6				1	2			8
	9							
			5				7	
8			4		5			
3		5				8		4
			2		3			7
	7			3				
						9		
2			8	9				6

DATE:

TIME:

						2	9	
2	4			7			1	
7					8			
		1		6				
	9		4		5		7	
				3		6		
		2						8
	7			8			5	4
	1	4						

LEVEL 1

LEVEL 2

LEVEL 3

DATE:

TIME:

Question **97**

					8		2	
		4				1		6
9					5			
	2		4					9
	5		7		9		8	
8					6		3	
			9					8
1		3				5		
	6		2					

DATE:

TIME:

6				5				
	1	3				8		4
		8				1		
1				9			7	
		4				9		
	9			2				3
		7			3			
5		2				4	9	
				7				6

LEVEL
1

LEVEL
2

LEVEL
3

DATE:

TIME:

113

Question **99**

		7				4		
			9	8		7		
4	5							3
			3		2		8	
	9						3	
	7		1		5			
7							5	9
		1		6	7			
		8				2		

DATE:

TIME:

		1	6	7				
		5				3		
	2						8	9
				9				5
8			4		3			6
7				6				
5	6						7	
		4				2		
				3	8	6		

LEVEL
1

LEVEL
2

LEVEL
3

DATE:

TIME:

POWER
SUDOKU

Free Question **03**

3-step 파워 스도쿠

3단계

Level 3

POWER SUDOKU

Question 101

	3		8			7		
9								2
		5		2				
5			2					6
	8						7	
3			1					4
		7		3				
1								5
	4		6			8		

DATE:

TIME:

Question **102**

				4				
1								2
	2		5		3		9	
		7		9		8		
	9						4	
		6		7		5		
	5		1		6		2	
8								6
				8				

LEVEL
1

LEVEL
2

LEVEL
3

DATE:

TIME:

Question 103

								1
	8		9					
6	7		1	4				
	5		2	9				
		9				1		
				6	7		3	
				3	8		9	5
					5		4	
3								

DATE:

TIME:

Question **104**

			2					
		4						
		3		1			7	8
6				7			5	
	2	5				3	4	
	4			8				6
7	8			9		1		
						2		
					4			

LEVEL
1

LEVEL
2

LEVEL
3

DATE:

TIME:

Question **105**

	5	2		8				
							3	4
		9			1			
	7			5	9			
4								8
			4	7			6	
			7			5		
8	2							
				2		6	1	

DATE:

TIME:

				6	9			4
				2			6	8
4							7	
			9				5	
		1				2		
	9				6			
	1							3
8	5			1				
2			5	3				

LEVEL 1

LEVEL 2

LEVEL 3

DATE:

TIME:

Question **107**

	4	3						
	9					4		
	7			8	5			
	5		9					
8			6		1			9
				7		6		
			1	4			3	
	7						8	
					5	2		

3

POWER SUDOKU

9	8							
5			4				3	
				9				2
	7	2	5			4		
		6			3	9	7	
8				4				
	6				1			5
							2	8

LEVEL
1

LEVEL
2

LEVEL
3

DATE:

TIME:

Question 109

					5	6		
	9			3				
4					2	7		
		6	2				4	
9								5
	3				1	8		
		7	9					3
			4			5		
		1	3					

DATE:

TIME:

6		3		4				
			8		1		9	
					2			
		9	5					
4	1						7	3
				7	1			
		5						
	2		9		5			
				6		3		4

DATE:

TIME:

POWER SUDOKU

Question 111

9		1	3					
		6			5			
				1			5	
			7	6		4		
	2						7	
		5		9	8			
	4			7				
			4			2		
					2	6		8

DATE:

TIME:

Question **112**

	6			7	2	8		
		4						3
9								
				8			5	
6			3		4			9
	7			1				
								5
3						2		
		8	9	4			7	

LEVEL 1

LEVEL 2

LEVEL 3

DATE:

TIME:

POWER
SUDOKU

Question 113

4				7		1	8	
3								
1			4					
8					6	4		
		1				9		
		2	5					7
					5			9
								3
	9	7		8				6

DATE:

TIME:

3

POWER SUDOKU

	3							
6			5			4	2	
		9			7			
2				6		8		
			1		4			
		4		9				7
			2			6		
	1	7			5			9
							8	

LEVEL
1

LEVEL
2

LEVEL
3

DATE:

TIME:

Question **115**

								3
				8		5		
	4		1				7	9
	2			5	6			
	9						3	
			7	1			8	
6	3				9		1	
		8		2				
7								

DATE:

TIME:

Question **116**

6								
						8	3	
	8		4		6			7
		5		3	1			
1								4
			2	7		5		
9			6		3		1	
	4	7						
								2

LEVEL
1

LEVEL
2

LEVEL
3

DATE:

TIME:

Question **117**

		6						3
				1			9	4
					8		7	
	1			9				
6			2		5			8
				7			4	
	3		6					
5	9			4				
8						3		

DATE:

TIME:

Question **118**

				8		6		1
					2			
		2		7			4	3
6			1			8		
		4			5			2
7	8			5		3		
			4					
5		9		6				

LEVEL 1

LEVEL 2

LEVEL 3

DATE:

TIME:

Question **119**

	3				4		5	
		4						
		8		2				9
	9	6		7				
		3				5		
				6		7	1	
6				9		1		
						2		
	5		7				3	

DATE:

TIME:

		1					3	
				7				
	6		2		3			5
				9			4	7
	5						6	
3	7			2				
8			3		4		1	
				1				
	2					9		

LEVEL 1

LEVEL 2

LEVEL 3

DATE:

TIME:

Question **121**

				5			7	2
4					3			
8							6	1
				2		8		
3			8		4			5
		7		9				
1	2							7
			5					9
9	4			7				

DATE:

TIME:

Question **122**

5		9						
3			9				7	
				1	3			6
4				2	6			
2								8
			5	7				9
9			3	5				
	6				2			7
						1		4

LEVEL
1

LEVEL
2

LEVEL
3

DATE:

TIME:

Question **123**

	8		1					
					3			7
		3		9		1		
	4			2				9
		1	8		6	2		
2				7			6	
		2		4		5		
6			9					
				8			4	

DATE:

TIME:

Question **124**

						8		
		5	1					
9		1		8		2	6	
				7			4	
		4	3		6	7		
	3			9				
	8	7		1		3		5
					4	6		
		2						

LEVEL
1

LEVEL
2

LEVEL
3

DATE:

TIME:

Question **125**

			8				9	
1		8			4			
			6				7	
	2			7				8
		5	3		1	6		
8				4			3	
	5			1				
			4			5		1
	7				9			

DATE:

TIME:

Question **126**

		9		6	8			
		3				4		
	8						7	3
6				7				
7			4		2			6
				1				5
9	3						4	
		5				9		
			9	5		2		

LEVEL 1

LEVEL 2

LEVEL 3

DATE:

TIME:

Question **127**

		8	6	9		1		
						5		
7	1							8
			2		8			4
6								2
4			5		9			
9							6	1
		7						
		1		8	5	3		

DATE:

TIME:

	1					7		
			5					2
7		4		3		1		
			2		8		3	
		9				4		
	5		3		9			
		8		7		3		6
1					4			
		5					7	

LEVEL
1

LEVEL
2

LEVEL
3

DATE:

TIME:

Question **129**

					9	5	2	
				7		9		1
4				6				
8			6				4	
	4					3		
	9				2			8
			8					9
2		8		1				
	6	3	5					

DATE:

TIME:

Question **130**

				2	5			7
						8		1
6						9		
	5	4		1				
9	7						6	8
				5		4	1	
		6						3
5		9						
3			7	4				

LEVEL
1

LEVEL
2

LEVEL
3

DATE:

TIME:

Question **131**

		6	2			5		
	3						8	
	2			3	8			
4							3	
1			9		4			7
	8							5
			6	9			5	
	1						2	
		7			5	8		

DATE:

TIME:

Question **132**

		8						
	2			9			4	
		7	4			5		3
				2		1		
	4		7		6		2	
		3		8				
8		1			7	2		
	5			1			6	
						3		

LEVEL
1

LEVEL
2

LEVEL
3

DATE:

TIME:

149

Question **133**

							7	
	6			8				1
					7	4	9	
2	5	1	7					4
9					2	5	6	3
	8	7	1					
5				6			2	
	9							

DATE:

TIME:

Question **134**

		3						
	5		2				6	
				4	5			7
		8		7			3	
		7	3		4	2		
	6			8		4		
1			9	6				
	8				7		2	
						9		

LEVEL
1

LEVEL
2

LEVEL
3

DATE:

TIME:

Question **135**

				6		7	2	
7	1						5	
9					3			
		5		4				
4			3		1			8
			5		6			
			2					4
	9						3	2
	3	4		9				

DATE:

TIME:

	6				4			
		8		1				5
		9				8	7	
5				4				
	2		5		9		6	
				7				1
	3	1				4		
8				9		1		
			6				3	

LEVEL
1

LEVEL
2

LEVEL
3

DATE:

TIME:

POWER SUDOKU

Question **137**

8	2				1			7
				9				5
		4				3		
1			4		9			
	7						4	
			3		5			6
		6				5		
9				6				
3			7				8	9

DATE:

TIME:

4	8				1	6		
	5							
2				7		1	3	
			8					
5			7		2			4
					3			
	9	4		5				6
							2	
		6	3				1	9

DATE:

TIME:

POWER SUDOKU

	7			9				
					2			6
		1	5			9		
	5			4		7		
6			2		5			1
		9		1			8	
		5			4	8		
4			6					
			7				3	

DATE:

TIME:

	4				9	1		
				6			5	
5		7	8					
				8	5	9		
4								5
		3	9	2				
					4	6		2
	8			3				
		9	1				4	

LEVEL
1

LEVEL
2

LEVEL
3

DATE:

TIME:

157

POWER SUDOKU

Question 141

	5					6		
			9	2	6	4		
	9					3	7	
				1	3			
	6						8	
			2	7				
	8	1					9	
		7	8	4	5			
		2					3	

DATE:

TIME:

8		6						9
				8				
			2		5			7
		1	9		4	2		
	7						4	
		9	1		7	3		
7			8		9			
				5				
3						4		5

LEVEL
1

LEVEL
2

LEVEL
3

DATE:

TIME:

Question **143**

	4			8		5		
		7						9
9					2		4	
		3		7				
6			8		4			2
				6		7		
	8		4					6
2						3		
		1		3			5	

DATE:

TIME:

Question **144**

3		8		4				
					5	7		9
		5		3	4			8
	2						6	
6			9	7		4		
1		6	3					
			1			5		4

LEVEL
1

LEVEL
2

LEVEL
3

DATE:

TIME:

161

Question **145**

	1		5					
8			9					7
						6	3	
4				2	8			
	5						9	
		9	8					2
	4	3						
7				1				8
				3		1		

DATE:

TIME:

		2						
	6	4					1	
9			4		5			7
				2	6		9	
	7		8	1				
8			5		7			9
	1					3	2	
						4		

DATE:

TIME:

POWER
SUDOKU

		4			2			
				5		3		6
	6						7	
3					1			
7	4						6	2
			9					4
	3						1	
2		8		9				
			8			9		

DATE:

TIME:

Question **148**

8		3	9			4		
				2		1	5	
								2
		6	3					
	1						9	
					7	2		
6								
	5	9		1				
		2			5	8		7

LEVEL
1

LEVEL
2

LEVEL
3

DATE:

TIME:

POWER SUDOKU

Question **149**

					2			
	2		7				3	6
	6	1				5		
8		3		1				
				4		6		7
		2				4	5	
	7	9			1		2	
			9					

DATE:

TIME:

							9	
8				3				7
					9	4		5
	5			4	3	8		
		9	5	2			6	
6		4	1					
2				7				3
	8							

LEVEL 1

LEVEL 2

LEVEL 3

DATE:

TIME:

167

POWER ANSWER

Answer 01

4	9	7	1	5	2	8	6	3
5	1	8	7	3	6	9	4	2
6	2	3	8	9	4	5	7	1
2	3	1	5	6	8	7	9	4
7	6	5	4	2	9	1	3	8
8	4	9	3	7	1	2	5	6
3	7	4	2	8	5	6	1	9
9	5	2	6	1	3	4	8	7
1	8	6	9	4	7	3	2	5

Answer 02

6	3	2	7	1	8	9	4	5
1	9	4	3	5	6	7	8	2
5	8	7	4	2	9	6	1	3
8	1	3	9	6	5	4	2	7
2	7	9	1	3	4	8	5	6
4	6	5	2	8	7	1	3	9
9	5	8	6	4	2	3	7	1
7	2	1	8	9	3	5	6	4
3	4	6	5	7	1	2	9	8

Answer 03

7	9	5	2	4	1	3	8	6
3	8	4	5	9	6	1	2	7
1	2	6	8	3	7	9	5	4
5	6	7	9	2	3	8	4	1
4	3	9	1	7	8	2	6	5
8	1	2	4	6	5	7	9	3
2	7	3	6	8	4	5	1	9
6	5	8	3	1	9	4	7	2
9	4	1	7	5	2	6	3	8

Answer 04

2	9	5	6	1	8	7	3	4
1	6	4	7	9	3	5	8	2
8	7	3	2	4	5	9	1	6
3	4	2	9	8	7	6	5	1
6	5	9	1	3	2	4	7	8
7	1	8	4	5	6	2	9	3
4	8	7	3	2	9	1	6	5
9	3	1	5	6	4	8	2	7
5	2	6	8	7	1	3	4	9

Answer 05

2	4	6	5	1	3	7	9	8
9	1	3	6	8	7	2	5	4
7	5	8	4	9	2	1	6	3
8	9	4	2	3	5	6	1	7
6	3	2	1	7	9	4	8	5
1	7	5	8	4	6	9	3	2
3	8	7	9	2	1	5	4	6
5	2	9	3	6	4	8	7	1
4	6	1	7	5	8	3	2	9

Answer 06

6	1	3	8	2	4	7	9	5
8	4	9	7	1	5	2	3	6
7	2	5	6	3	9	1	4	8
9	7	8	3	4	1	5	6	2
5	3	1	2	7	6	4	8	9
2	6	4	9	5	8	3	7	1
4	8	7	5	9	2	6	1	3
1	5	6	4	8	3	9	2	7
3	9	2	1	6	7	8	5	4

168 • 3-step 파워 스도쿠 – 정답

Answer 07

1	8	5	2	4	9	7	3	6
4	3	2	8	7	6	1	5	9
6	7	9	1	3	5	4	2	8
7	1	4	9	5	2	6	8	3
3	5	8	6	1	7	2	9	4
2	9	6	3	8	4	5	7	1
8	4	1	7	2	3	9	6	5
5	6	7	4	9	8	3	1	2
9	2	3	5	6	1	8	4	7

Answer 08

4	5	9	3	8	1	7	2	6
8	1	7	2	4	6	9	5	3
6	3	2	9	5	7	8	1	4
3	9	8	7	1	2	4	6	5
1	4	5	8	6	3	2	7	9
7	2	6	5	9	4	3	8	1
9	6	3	1	7	8	5	4	2
2	8	1	4	3	5	6	9	7
5	7	4	6	2	9	1	3	8

Answer 09

4	8	2	6	1	3	5	9	7
3	9	1	2	7	5	6	8	4
7	6	5	9	4	8	3	1	2
8	5	6	1	3	2	4	7	9
2	3	7	5	9	4	8	6	1
9	1	4	7	8	6	2	3	5
1	2	8	3	5	7	9	4	6
5	7	3	4	6	9	1	2	8
6	4	9	8	2	1	7	5	3

Answer 10

6	3	9	7	8	2	4	1	5
2	5	1	9	4	3	7	6	8
4	7	8	6	1	5	9	2	3
3	6	2	1	7	9	5	8	4
1	8	7	5	3	4	6	9	2
5	9	4	8	2	6	3	7	1
9	4	3	2	6	8	1	5	7
8	1	6	3	5	7	2	4	9
7	2	5	4	9	1	8	3	6

Answer 11

2	9	6	7	8	3	1	5	4
4	8	3	9	1	5	2	6	7
1	7	5	4	6	2	9	8	3
6	4	7	1	9	8	5	3	2
8	3	1	5	2	6	7	4	9
5	2	9	3	7	4	8	1	6
9	6	4	2	5	1	3	7	8
3	1	2	8	4	7	6	9	5
7	5	8	6	3	9	4	2	1

Answer 12

7	4	9	8	3	6	1	2	5
5	8	1	9	4	2	6	7	3
3	2	6	1	7	5	4	9	8
8	5	2	6	9	4	3	1	7
4	9	3	2	1	7	5	8	6
1	6	7	3	5	8	2	4	9
6	7	5	4	2	9	8	3	1
9	3	4	5	8	1	7	6	2
2	1	8	7	6	3	9	5	4

POWER ANSWER

Answer 13

7	3	6	1	4	8	9	2	5
5	8	4	9	3	2	7	6	1
1	2	9	7	6	5	4	8	3
4	1	8	3	2	9	5	7	6
9	5	2	6	1	7	8	3	4
6	7	3	5	8	4	1	9	2
3	6	5	8	9	1	2	4	7
8	4	7	2	5	6	3	1	9
2	9	1	4	7	3	6	5	8

Answer 14

8	4	6	7	9	1	2	5	3
3	1	9	8	5	2	4	7	6
7	2	5	3	6	4	1	9	8
6	7	1	9	4	5	8	3	2
9	5	3	1	2	8	6	4	7
2	8	4	6	7	3	9	1	5
1	9	2	5	8	7	3	6	4
4	6	7	2	3	9	5	8	1
5	3	8	4	1	6	7	2	9

Answer 15

9	8	2	3	7	1	5	4	6
6	1	5	4	9	8	3	7	2
7	3	4	2	6	5	9	1	8
1	2	7	5	8	6	4	9	3
3	4	6	9	2	7	1	8	5
5	9	8	1	3	4	2	6	7
4	6	9	7	5	2	8	3	1
2	7	3	8	1	9	6	5	4
8	5	1	6	4	3	7	2	9

Answer 16

5	3	2	1	9	4	7	6	8
9	8	6	7	3	5	4	2	1
4	1	7	6	8	2	9	3	5
7	5	8	4	6	9	3	1	2
6	2	3	8	7	1	5	9	4
1	4	9	2	5	3	6	8	7
3	7	1	5	2	6	8	4	9
8	6	4	9	1	7	2	5	3
2	9	5	3	4	8	1	7	6

Answer 17

9	8	2	1	7	6	3	5	4
4	3	5	2	8	9	7	6	1
6	7	1	3	4	5	9	2	8
7	4	8	5	2	3	1	9	6
3	5	9	4	6	1	2	8	7
1	2	6	7	9	8	5	4	3
2	6	4	9	3	7	8	1	5
5	9	3	8	1	4	6	7	2
8	1	7	6	5	2	4	3	9

Answer 18

9	6	1	5	4	2	8	7	3
3	8	5	7	1	6	9	2	4
4	7	2	8	3	9	6	5	1
5	2	8	3	6	4	1	9	7
7	9	4	1	5	8	2	3	6
6	1	3	9	2	7	4	8	5
2	3	9	4	7	1	5	6	8
8	4	7	6	9	5	3	1	2
1	5	6	2	8	3	7	4	9

Answer 19

9	5	6	3	1	4	8	7	2
3	8	1	6	7	2	5	9	4
4	2	7	9	8	5	6	3	1
2	4	3	5	6	1	9	8	7
6	7	8	2	9	3	4	1	5
5	1	9	8	4	7	2	6	3
7	9	5	1	2	6	3	4	8
1	6	2	4	3	8	7	5	9
8	3	4	7	5	9	1	2	6

Answer 20

2	6	9	5	1	8	4	7	3
1	4	5	7	3	9	2	6	8
3	8	7	2	4	6	9	1	5
4	9	1	8	5	2	6	3	7
8	7	3	6	9	1	5	4	2
6	5	2	3	7	4	8	9	1
5	1	6	4	8	7	3	2	9
7	2	8	9	6	3	1	5	4
9	3	4	1	2	5	7	8	6

Answer 21

2	7	9	5	8	3	6	1	4
1	6	3	4	2	9	8	5	7
5	8	4	1	7	6	2	9	3
7	4	2	9	6	8	5	3	1
8	9	6	3	5	1	7	4	2
3	5	1	7	4	2	9	8	6
6	1	7	8	3	5	4	2	9
4	3	8	2	9	7	1	6	5
9	2	5	6	1	4	3	7	8

Answer 22

2	9	6	3	7	5	8	1	4
4	3	7	6	1	8	2	9	5
1	8	5	4	2	9	3	7	6
9	5	8	7	6	4	1	2	3
3	6	1	5	9	2	7	4	8
7	2	4	1	8	3	5	6	9
8	4	9	2	5	7	6	3	1
5	1	2	9	3	6	4	8	7
6	7	3	8	4	1	9	5	2

Answer 23

1	2	6	7	8	4	3	9	5
8	7	3	5	9	2	1	4	6
4	9	5	6	3	1	2	8	7
7	6	9	2	5	3	8	1	4
5	8	2	1	4	7	9	6	3
3	4	1	8	6	9	7	5	2
2	5	4	3	1	8	6	7	9
6	3	8	9	7	5	4	2	1
9	1	7	4	2	6	5	3	8

Answer 24

9	7	2	1	8	4	3	5	6
8	4	6	3	2	5	7	1	9
3	1	5	9	7	6	2	8	4
2	5	7	4	1	3	6	9	8
1	6	3	2	9	8	5	4	7
4	9	8	6	5	7	1	3	2
7	3	4	5	6	9	8	2	1
6	2	9	8	3	1	4	7	5
5	8	1	7	4	2	9	6	3

ANSWER

POWER
ANSWER

Answer 25

7	2	8	5	3	6	4	9	1
4	3	9	1	2	8	5	6	7
5	1	6	4	9	7	8	2	3
1	5	4	9	7	3	6	8	2
9	8	7	6	5	2	3	1	4
2	6	3	8	4	1	7	5	9
8	4	5	3	1	9	2	7	6
6	7	1	2	8	4	9	3	5
3	9	2	7	6	5	1	4	8

Answer 26

2	8	5	6	9	7	4	1	3
4	7	3	2	8	1	9	5	6
6	1	9	5	3	4	8	2	7
8	6	1	7	4	3	2	9	5
7	5	2	9	1	6	3	8	4
9	3	4	8	2	5	7	6	1
5	9	7	4	6	2	1	3	8
1	4	8	3	5	9	6	7	2
3	2	6	1	7	8	5	4	9

Answer 27

8	5	2	6	1	3	7	4	9
6	1	4	9	7	2	8	3	5
7	3	9	5	4	8	1	6	2
1	2	6	8	3	9	5	7	4
9	4	3	7	6	5	2	1	8
5	8	7	1	2	4	6	9	3
2	7	5	3	9	1	4	8	6
3	6	8	4	5	7	9	2	1
4	9	1	2	8	6	3	5	7

Answer 28

3	1	4	5	6	2	8	9	7
7	8	5	3	4	9	2	6	1
9	6	2	7	8	1	3	4	5
1	4	6	2	7	3	9	5	8
8	5	7	9	1	4	6	3	2
2	9	3	6	5	8	7	1	4
6	3	8	1	2	5	4	7	9
5	2	9	4	3	7	1	8	6
4	7	1	8	9	6	5	2	3

Answer 29

3	2	8	4	1	5	6	9	7
7	5	4	6	8	9	2	3	1
6	1	9	3	2	7	4	5	8
9	4	3	5	7	2	1	8	6
8	6	1	9	3	4	5	7	2
5	7	2	1	6	8	9	4	3
4	8	7	2	9	1	3	6	5
2	9	6	7	5	3	8	1	4
1	3	5	8	4	6	7	2	9

Answer 30

3	8	5	1	7	4	6	9	2
1	4	2	3	9	6	5	8	7
7	9	6	5	2	8	4	3	1
4	3	7	8	1	2	9	6	5
2	6	8	9	4	5	7	1	3
5	1	9	7	6	3	2	4	8
6	7	1	2	3	9	8	5	4
8	2	4	6	5	1	3	7	9
9	5	3	4	8	7	1	2	6

POWER SUDOKU

A

Answer **31**

9	6	3	2	1	8	7	5	4
7	1	2	6	4	5	9	3	8
5	4	8	3	7	9	1	2	6
8	7	6	9	5	1	2	4	3
1	5	9	4	3	2	8	6	7
2	3	4	8	6	7	5	1	9
6	8	7	1	2	3	4	9	5
3	9	1	5	8	4	6	7	2
4	2	5	7	9	6	3	8	1

Answer **32**

2	3	1	5	9	8	7	6	4
7	4	9	6	1	3	2	8	5
5	8	6	4	7	2	3	1	9
6	2	5	7	8	1	4	9	3
3	7	8	9	6	4	1	5	2
9	1	4	2	3	5	6	7	8
4	9	2	1	5	7	8	3	6
1	5	3	8	2	6	9	4	7
8	6	7	3	4	9	5	2	1

Answer **33**

8	1	5	6	9	7	3	2	4
2	9	4	3	8	1	6	7	5
6	7	3	2	5	4	1	8	9
1	8	6	9	2	5	4	3	7
9	5	7	8	4	3	2	1	6
3	4	2	7	1	6	9	5	8
5	6	1	4	3	8	7	9	2
7	3	9	5	6	2	8	4	1
4	2	8	1	7	9	5	6	3

Answer **34**

8	7	9	5	2	4	3	1	6
3	1	5	9	7	6	8	2	4
4	6	2	3	8	1	9	7	5
7	5	4	8	9	3	2	6	1
9	3	1	6	4	2	7	5	8
2	8	6	1	5	7	4	9	3
1	2	7	4	3	5	6	8	9
5	9	3	2	6	8	1	4	7
6	4	8	7	1	9	5	3	2

Answer **35**

4	8	1	2	6	7	5	9	3
6	7	9	5	1	3	2	8	4
5	2	3	9	8	4	7	6	1
2	9	7	3	4	6	8	1	5
3	1	6	8	7	5	4	2	9
8	5	4	1	2	9	3	7	6
9	4	2	7	5	1	6	3	8
1	6	8	4	3	2	9	5	7
7	3	5	6	9	8	1	4	2

Answer **36**

3	5	1	2	8	4	9	6	7
2	6	9	7	3	5	4	8	1
8	4	7	9	1	6	3	5	2
6	8	2	3	9	7	1	4	5
5	9	3	8	4	1	7	2	6
7	1	4	5	6	2	8	3	9
9	2	8	6	7	3	5	1	4
1	3	5	4	2	9	6	7	8
4	7	6	1	5	8	2	9	3

POWER
ANSWER

POWER SUDOKU

A

Answer **37**

9	2	5	6	4	8	3	1	7
1	6	4	2	3	7	8	5	9
8	3	7	1	5	9	6	4	2
4	1	6	8	2	3	9	7	5
3	8	2	7	9	5	4	6	1
7	5	9	4	6	1	2	8	3
2	4	1	9	7	6	5	3	8
5	9	8	3	1	4	7	2	6
6	7	3	5	8	2	1	9	4

Answer **38**

4	8	2	5	1	6	3	9	7
7	1	5	9	3	8	4	2	6
6	3	9	4	7	2	8	5	1
2	7	3	8	5	4	1	6	9
1	5	4	6	9	7	2	8	3
8	9	6	3	2	1	5	7	4
5	4	8	7	6	3	9	1	2
9	6	1	2	4	5	7	3	8
3	2	7	1	8	9	6	4	5

Answer **39**

5	7	8	2	3	1	4	6	9
2	4	6	8	9	5	1	7	3
1	3	9	7	4	6	2	8	5
6	2	3	5	8	9	7	4	1
4	9	7	1	6	3	8	5	2
8	5	1	4	7	2	9	3	6
9	6	4	3	1	8	5	2	7
3	8	2	9	5	7	6	1	4
7	1	5	6	2	4	3	9	8

Answer **40**

7	5	4	1	6	2	9	8	3
6	8	1	3	9	7	2	4	5
3	9	2	8	5	4	7	1	6
5	2	7	4	8	9	6	3	1
8	1	6	2	3	5	4	9	7
4	3	9	6	7	1	8	5	2
1	4	8	7	2	3	5	6	9
2	6	5	9	1	8	3	7	4
9	7	3	5	4	6	1	2	8

Answer **41**

6	8	5	9	4	1	3	2	7
9	7	2	3	5	8	6	1	4
4	1	3	2	6	7	9	8	5
8	6	4	7	2	3	5	9	1
3	5	1	8	9	6	4	7	2
2	9	7	4	1	5	8	3	6
7	3	6	5	8	2	1	4	9
1	4	8	6	7	9	2	5	3
5	2	9	1	3	4	7	6	8

Answer **42**

3	4	1	7	5	9	2	6	8
2	9	6	3	8	4	5	1	7
8	5	7	1	6	2	9	3	4
6	1	3	8	2	5	4	7	9
4	2	5	6	9	7	3	8	1
7	8	9	4	3	1	6	5	2
1	7	2	5	4	3	8	9	6
9	3	8	2	7	6	1	4	5
5	6	4	9	1	8	7	2	3

Answer 43

8	4	3	7	9	2	6	5	1
6	2	7	5	3	1	4	8	9
9	1	5	6	8	4	2	7	3
7	9	6	2	5	3	1	4	8
4	8	1	9	7	6	3	2	5
3	5	2	4	1	8	7	9	6
5	7	4	1	6	9	8	3	2
2	6	8	3	4	5	9	1	7
1	3	9	8	2	7	5	6	4

Answer 44

2	4	6	3	5	1	7	8	9
7	8	3	9	4	6	2	1	5
1	5	9	8	2	7	3	4	6
4	9	7	5	1	3	6	2	8
5	2	1	6	7	8	9	3	4
3	6	8	4	9	2	1	5	7
6	3	4	2	8	9	5	7	1
8	7	2	1	6	5	4	9	3
9	1	5	7	3	4	8	6	2

Answer 45

9	1	2	4	6	5	3	8	7
8	6	4	7	3	2	1	5	9
5	3	7	1	8	9	6	4	2
6	9	8	5	2	4	7	1	3
4	2	3	6	1	7	8	9	5
1	7	5	8	9	3	4	2	6
7	8	9	2	4	6	5	3	1
3	5	1	9	7	8	2	6	4
2	4	6	3	5	1	9	7	8

Answer 46

6	3	2	1	8	9	4	7	5
7	4	1	6	5	2	8	9	3
8	9	5	4	7	3	6	1	2
1	8	3	5	6	7	9	2	4
4	6	7	2	9	1	3	5	8
2	5	9	3	4	8	7	6	1
3	1	4	7	2	6	5	8	9
5	7	8	9	1	4	2	3	6
9	2	6	8	3	5	1	4	7

Answer 47

7	2	8	6	5	1	9	4	3
9	3	1	4	2	7	5	6	8
4	6	5	3	9	8	1	2	7
3	7	9	1	8	6	2	5	4
5	1	2	7	4	9	8	3	6
6	8	4	5	3	2	7	9	1
8	5	3	9	1	4	6	7	2
2	4	6	8	7	5	3	1	9
1	9	7	2	6	3	4	8	5

Answer 48

9	6	5	1	4	2	8	7	3
7	2	4	6	8	3	1	9	5
8	1	3	7	5	9	6	4	2
6	7	9	5	2	8	3	1	4
1	3	8	9	6	4	5	2	7
4	5	2	3	1	7	9	8	6
3	4	7	8	9	6	2	5	1
5	8	6	2	7	1	4	3	9
2	9	1	4	3	5	7	6	8

A
N
S
W
E
R

POWER SUDOKU

Answer 49

8	3	1	4	5	7	9	2	6
6	9	7	1	2	8	5	3	4
4	5	2	9	3	6	8	7	1
7	2	8	6	9	4	1	5	3
3	4	9	2	1	5	7	6	8
1	6	5	8	7	3	4	9	2
5	7	4	3	6	1	2	8	9
2	1	3	5	8	9	6	4	7
9	8	6	7	4	2	3	1	5

Answer 50

9	5	4	2	3	8	1	6	7
3	6	8	7	4	1	5	9	2
7	1	2	5	6	9	3	4	8
8	7	1	3	9	5	4	2	6
5	2	6	8	1	4	9	7	3
4	3	9	6	2	7	8	1	5
2	9	5	4	7	3	6	8	1
6	4	3	1	8	2	7	5	9
1	8	7	9	5	6	2	3	4

Answer 51

1	6	4	7	9	5	2	3	8
9	2	3	1	8	4	7	5	6
7	5	8	6	2	3	4	1	9
2	3	5	9	1	7	6	8	4
4	8	1	2	3	6	9	7	5
6	9	7	4	5	8	3	2	1
8	7	6	3	4	1	5	9	2
5	4	9	8	7	2	1	6	3
3	1	2	5	6	9	8	4	7

Answer 52

4	6	2	5	1	8	9	3	7
8	7	9	6	3	4	2	5	1
3	1	5	9	2	7	4	6	8
2	8	4	3	7	6	5	1	9
9	3	7	4	5	1	8	2	6
1	5	6	8	9	2	7	4	3
5	9	1	7	4	3	6	8	2
6	4	3	2	8	9	1	7	5
7	2	8	1	6	5	3	9	4

Answer 53

9	7	3	1	6	5	2	8	4
6	1	5	2	8	4	9	7	3
8	2	4	3	9	7	1	6	5
2	4	9	8	1	6	3	5	7
7	8	6	5	3	2	4	9	1
3	5	1	7	4	9	6	2	8
5	6	7	4	2	1	8	3	9
1	9	8	6	5	3	7	4	2
4	3	2	9	7	8	5	1	6

Answer 54

4	2	8	6	1	5	3	9	7
5	9	1	4	3	7	6	2	8
6	3	7	9	2	8	5	1	4
3	7	2	1	6	4	9	8	5
1	8	4	3	5	9	2	7	6
9	5	6	7	8	2	1	4	3
2	1	5	8	7	3	4	6	9
8	4	3	2	9	6	7	5	1
7	6	9	5	4	1	8	3	2

Answer **55**

5	7	4	1	6	9	2	8	3
9	1	2	8	5	3	7	6	4
6	8	3	2	7	4	1	9	5
2	4	6	3	1	7	8	5	9
7	3	5	9	2	8	4	1	6
8	9	1	6	4	5	3	2	7
4	6	8	5	3	2	9	7	1
1	2	7	4	9	6	5	3	8
3	5	9	7	8	1	6	4	2

Answer **56**

3	9	1	6	2	7	8	5	4
6	5	7	4	1	8	9	2	3
4	2	8	3	5	9	1	7	6
9	1	6	5	4	2	3	8	7
2	7	3	8	6	1	4	9	5
5	8	4	9	7	3	2	6	1
7	4	2	1	8	5	6	3	9
1	3	5	2	9	6	7	4	8
8	6	9	7	3	4	5	1	2

Answer **57**

3	1	6	5	9	7	4	8	2
7	9	4	8	2	6	5	1	3
2	5	8	3	4	1	6	7	9
6	3	5	9	7	8	1	2	4
4	7	2	1	5	3	8	9	6
9	8	1	2	6	4	7	3	5
8	2	9	6	1	5	3	4	7
5	4	3	7	8	9	2	6	1
1	6	7	4	3	2	9	5	8

Answer **58**

5	7	6	4	3	9	1	2	8
1	9	4	2	5	8	3	6	7
3	8	2	1	6	7	4	9	5
9	6	7	5	4	3	2	8	1
8	5	1	9	2	6	7	3	4
4	2	3	7	8	1	9	5	6
6	4	9	3	7	5	8	1	2
2	1	8	6	9	4	5	7	3
7	3	5	8	1	2	6	4	9

Answer **59**

6	1	5	4	2	9	7	8	3
7	2	3	5	8	1	6	4	9
9	4	8	3	6	7	2	5	1
8	9	7	1	3	2	5	6	4
4	3	1	6	5	8	9	2	7
5	6	2	7	9	4	3	1	8
3	8	9	2	1	6	4	7	5
1	7	6	9	4	5	8	3	2
2	5	4	8	7	3	1	9	6

Answer **60**

5	6	2	3	1	4	9	7	8
9	4	7	6	2	8	1	3	5
1	8	3	7	9	5	6	4	2
4	7	1	2	6	9	5	8	3
2	3	6	8	5	1	4	9	7
8	9	5	4	7	3	2	1	6
3	1	8	5	4	2	7	6	9
7	2	9	1	8	6	3	5	4
6	5	4	9	3	7	8	2	1

ANSWER

POWER ANSWER

POWER SUDOKU

A

Answer 61

7	3	6	5	9	4	8	2	1
9	4	1	8	2	6	5	7	3
8	5	2	3	1	7	4	9	6
6	8	3	9	5	1	2	4	7
1	9	4	6	7	2	3	5	8
2	7	5	4	8	3	1	6	9
4	1	9	7	3	5	6	8	2
5	2	8	1	6	9	7	3	4
3	6	7	2	4	8	9	1	5

Answer 62

8	1	3	9	4	5	7	6	2
6	9	7	1	2	8	4	3	5
2	5	4	6	7	3	1	9	8
7	2	1	3	9	6	8	5	4
3	4	5	2	8	1	9	7	6
9	8	6	7	5	4	2	1	3
1	6	2	8	3	7	5	4	9
4	7	9	5	6	2	3	8	1
5	3	8	4	1	9	6	2	7

Answer 63

2	1	9	5	3	7	8	4	6
8	4	7	2	6	1	5	3	9
5	6	3	8	4	9	7	1	2
9	8	1	7	5	2	4	6	3
3	2	5	6	9	4	1	8	7
6	7	4	3	1	8	2	9	5
1	5	8	9	7	6	3	2	4
7	9	2	4	8	3	6	5	1
4	3	6	1	2	5	9	7	8

Answer 64

9	5	3	2	8	4	7	6	1
7	1	6	5	9	3	2	8	4
2	4	8	7	1	6	3	9	5
8	3	4	9	5	7	6	1	2
1	2	9	6	4	8	5	3	7
6	7	5	3	2	1	9	4	8
3	6	1	8	7	2	4	5	9
4	9	7	1	3	5	8	2	6
5	8	2	4	6	9	1	7	3

Answer 65

1	2	6	3	7	4	8	9	5
4	3	8	5	9	1	2	6	7
9	7	5	6	8	2	1	3	4
7	8	9	2	4	6	3	5	1
2	1	3	8	5	9	7	4	6
5	6	4	1	3	7	9	2	8
8	5	1	4	2	3	6	7	9
3	4	7	9	6	8	5	1	2
6	9	2	7	1	5	4	8	3

Answer 66

4	7	5	3	9	6	8	2	1
8	9	2	5	4	1	3	6	7
1	6	3	7	2	8	9	4	5
6	2	1	9	8	3	5	7	4
9	5	8	4	6	7	2	1	3
3	4	7	1	5	2	6	9	8
5	8	9	6	7	4	1	3	2
2	3	4	8	1	9	7	5	6
7	1	6	2	3	5	4	8	9

Answer 67

3	4	2	6	7	9	1	8	5
7	6	9	1	8	5	3	4	2
8	5	1	2	4	3	9	6	7
2	7	4	9	5	8	6	1	3
9	3	6	4	1	7	5	2	8
5	1	8	3	6	2	7	9	4
1	2	7	5	9	4	8	3	6
4	9	5	8	3	6	2	7	1
6	8	3	7	2	1	4	5	9

Answer 68

9	1	7	2	6	3	8	4	5
2	8	5	1	7	4	3	9	6
4	6	3	8	9	5	1	7	2
3	9	6	7	5	1	2	8	4
1	5	2	9	4	8	7	6	3
8	7	4	6	3	2	9	5	1
7	3	9	5	2	6	4	1	8
6	4	8	3	1	9	5	2	7
5	2	1	4	8	7	6	3	9

Answer 69

7	8	2	9	4	6	1	3	5
6	9	5	3	8	1	7	4	2
4	3	1	7	5	2	8	6	9
5	7	8	4	2	9	6	1	3
2	6	3	8	1	7	9	5	4
1	4	9	5	6	3	2	8	7
3	1	6	2	9	4	5	7	8
8	2	4	1	7	5	3	9	6
9	5	7	6	3	8	4	2	1

Answer 70

9	4	6	3	1	8	2	7	5
8	2	3	5	9	7	4	1	6
7	1	5	4	6	2	9	3	8
3	9	1	7	2	6	8	5	4
2	5	7	8	4	9	3	6	1
6	8	4	1	3	5	7	2	9
1	7	2	6	8	4	5	9	3
4	6	9	2	5	3	1	8	7
5	3	8	9	7	1	6	4	2

Answer 71

2	9	5	4	6	1	3	8	7
8	6	4	7	3	2	1	9	5
3	1	7	5	9	8	2	6	4
1	8	6	2	4	3	7	5	9
5	4	3	9	7	6	8	1	2
7	2	9	1	8	5	6	4	3
4	7	8	3	1	9	5	2	6
9	5	1	6	2	7	4	3	8
6	3	2	8	5	4	9	7	1

Answer 72

2	1	6	8	4	9	3	7	5
4	5	7	2	3	6	8	9	1
8	9	3	7	1	5	4	6	2
6	4	8	3	5	1	7	2	9
7	2	5	6	9	8	1	3	4
9	3	1	4	7	2	6	5	8
3	6	9	1	2	4	5	8	7
5	7	4	9	8	3	2	1	6
1	8	2	5	6	7	9	4	3

A
N
S
W
E
R

POWER ANSWER

Answer **73**

1	5	9	7	2	6	4	3	8
2	8	6	1	4	3	7	5	9
7	3	4	8	9	5	6	2	1
5	9	2	4	8	7	3	1	6
8	4	1	3	6	2	9	7	5
3	6	7	9	5	1	2	8	4
4	1	8	2	7	9	5	6	3
6	2	3	5	1	4	8	9	7
9	7	5	6	3	8	1	4	2

Answer **74**

4	1	6	2	5	9	7	8	3
3	5	2	8	7	4	6	9	1
7	9	8	3	1	6	4	2	5
1	8	4	9	3	2	5	6	7
9	6	3	7	8	5	2	1	4
5	2	7	6	4	1	8	3	9
8	3	1	4	6	7	9	5	2
2	4	5	1	9	8	3	7	6
6	7	9	5	2	3	1	4	8

Answer **75**

3	9	2	7	6	4	5	1	8
4	1	5	3	2	8	7	9	6
6	7	8	5	9	1	3	4	2
7	6	9	8	1	2	4	3	5
2	5	1	9	4	3	6	8	7
8	3	4	6	5	7	1	2	9
1	2	6	4	8	5	9	7	3
5	8	3	1	7	9	2	6	4
9	4	7	2	3	6	8	5	1

Answer **76**

2	4	9	1	8	7	6	5	3
6	8	5	2	3	9	1	4	7
7	3	1	4	5	6	8	2	9
5	2	8	9	6	1	7	3	4
3	1	7	8	2	4	9	6	5
9	6	4	5	7	3	2	8	1
8	9	3	7	4	2	5	1	6
1	5	6	3	9	8	4	7	2
4	7	2	6	1	5	3	9	8

Answer **77**

7	5	8	3	4	1	2	6	9
4	3	2	5	6	9	1	8	7
6	1	9	7	2	8	4	5	3
8	6	5	4	3	2	7	9	1
1	7	4	8	9	6	3	2	5
2	9	3	1	7	5	6	4	8
3	8	7	2	5	4	9	1	6
9	4	1	6	8	7	5	3	2
5	2	6	9	1	3	8	7	4

Answer **78**

7	5	1	9	4	2	3	6	8
4	3	9	5	6	8	7	2	1
6	2	8	1	7	3	9	5	4
2	8	7	6	1	9	4	3	5
5	9	6	3	2	4	8	1	7
1	4	3	7	8	5	6	9	2
3	7	2	4	9	1	5	8	6
9	1	4	8	5	6	2	7	3
8	6	5	2	3	7	1	4	9

Answer **79**

1	2	6	8	4	9	5	3	7
8	3	7	6	2	5	1	4	9
5	9	4	1	3	7	6	2	8
3	7	1	2	9	6	4	8	5
2	8	5	7	1	4	3	9	6
6	4	9	5	8	3	2	7	1
7	1	8	3	6	2	9	5	4
9	6	2	4	5	8	7	1	3
4	5	3	9	7	1	8	6	2

Answer **80**

1	7	6	4	5	8	3	9	2
4	8	3	6	9	2	7	1	5
5	2	9	3	7	1	4	6	8
6	9	8	5	3	4	1	2	7
7	4	2	8	1	9	5	3	6
3	1	5	7	2	6	8	4	9
8	6	1	2	4	7	9	5	3
2	5	4	9	8	3	6	7	1
9	3	7	1	6	5	2	8	4

Answer **81**

6	5	2	8	7	4	1	9	3
4	3	8	5	9	1	6	7	2
1	7	9	2	3	6	4	8	5
9	2	6	4	8	5	3	1	7
7	4	1	6	2	3	8	5	9
5	8	3	7	1	9	2	6	4
8	6	4	3	5	7	9	2	1
3	9	5	1	6	2	7	4	8
2	1	7	9	4	8	5	3	6

Answer **82**

8	2	9	3	1	4	7	5	6
4	7	5	6	9	2	3	8	1
6	1	3	8	5	7	9	4	2
7	8	2	5	4	9	6	1	3
9	6	4	1	2	3	8	7	5
3	5	1	7	8	6	2	9	4
2	4	8	9	6	5	1	3	7
1	3	6	4	7	8	5	2	9
5	9	7	2	3	1	4	6	8

Answer **83**

7	9	1	3	8	5	4	2	6
4	6	2	1	9	7	3	5	8
5	3	8	4	6	2	7	9	1
2	1	3	7	4	9	8	6	5
6	7	5	8	2	1	9	3	4
8	4	9	5	3	6	1	7	2
3	2	4	9	5	8	6	1	7
9	5	7	6	1	4	2	8	3
1	8	6	2	7	3	5	4	9

Answer **84**

3	1	5	7	9	2	8	6	4
8	6	7	3	1	4	2	9	5
2	9	4	6	5	8	7	3	1
9	4	3	8	6	7	1	5	2
6	5	8	4	2	1	3	7	9
1	7	2	5	3	9	6	4	8
5	8	9	1	7	6	4	2	3
4	2	6	9	8	3	5	1	7
7	3	1	2	4	5	9	8	6

Answer 85

8	4	7	1	2	9	5	3	6
2	3	6	4	5	8	9	7	1
5	9	1	6	7	3	8	4	2
6	5	4	7	9	1	3	2	8
7	8	2	5	3	6	1	9	4
3	1	9	2	8	4	7	6	5
9	6	5	8	4	7	2	1	3
1	2	3	9	6	5	4	8	7
4	7	8	3	1	2	6	5	9

Answer 86

1	3	8	5	6	2	4	9	7
4	2	5	9	8	7	1	6	3
7	6	9	4	3	1	5	8	2
5	4	2	6	9	3	8	7	1
3	9	7	2	1	8	6	4	5
6	8	1	7	4	5	3	2	9
9	1	3	8	2	4	7	5	6
2	5	4	1	7	6	9	3	8
8	7	6	3	5	9	2	1	4

Answer 87

9	1	4	5	3	2	7	6	8
3	7	6	9	8	1	2	5	4
5	8	2	4	6	7	9	1	3
8	5	3	7	9	6	4	2	1
2	4	7	1	5	3	8	9	6
1	6	9	8	2	4	5	3	7
7	9	1	6	4	5	3	8	2
6	2	5	3	7	8	1	4	9
4	3	8	2	1	9	6	7	5

Answer 88

8	6	7	3	9	1	5	4	2
1	2	3	8	5	4	9	6	7
9	5	4	2	7	6	1	3	8
2	3	9	5	4	7	6	8	1
6	8	1	9	3	2	7	5	4
4	7	5	1	6	8	3	2	9
5	4	8	7	1	3	2	9	6
3	1	6	4	2	9	8	7	5
7	9	2	6	8	5	4	1	3

Answer 89

6	7	4	5	9	2	8	1	3
3	1	9	6	8	7	5	4	2
8	5	2	3	4	1	6	9	7
1	3	7	9	5	6	2	8	4
4	2	5	1	3	8	9	7	6
9	6	8	2	7	4	3	5	1
7	4	6	8	2	9	1	3	5
2	9	3	7	1	5	4	6	8
5	8	1	4	6	3	7	2	9

Answer 90

9	1	3	6	4	8	5	7	2
7	6	2	1	9	5	4	3	8
8	4	5	2	7	3	6	9	1
4	5	9	7	8	2	3	1	6
2	7	8	3	6	1	9	5	4
1	3	6	4	5	9	2	8	7
5	2	7	9	1	4	8	6	3
3	8	1	5	2	6	7	4	9
6	9	4	8	3	7	1	2	5

Answer 91

3	9	7	2	5	8	6	4	1
6	1	4	9	3	7	8	5	2
2	8	5	4	1	6	7	3	9
9	4	8	7	6	1	5	2	3
1	5	6	3	2	9	4	7	8
7	3	2	5	8	4	9	1	6
5	6	1	8	7	2	3	9	4
8	7	9	1	4	3	2	6	5
4	2	3	6	9	5	1	8	7

Answer 92

9	3	4	8	7	2	1	5	6
7	8	6	5	3	1	4	9	2
2	1	5	9	6	4	3	7	8
8	4	7	6	2	5	9	3	1
3	6	2	1	9	7	5	8	4
1	5	9	4	8	3	6	2	7
6	9	3	2	1	8	7	4	5
5	2	1	7	4	9	8	6	3
4	7	8	3	5	6	2	1	9

Answer 93

4	2	3	7	6	5	9	1	8
7	9	8	2	1	3	6	4	5
6	5	1	8	9	4	7	2	3
2	8	5	1	7	9	4	3	6
3	6	7	4	2	8	5	9	1
9	1	4	3	5	6	2	8	7
1	4	9	6	8	7	3	5	2
5	7	2	9	3	1	8	6	4
8	3	6	5	4	2	1	7	9

Answer 94

8	7	2	1	6	4	3	9	5
4	1	3	9	5	2	8	6	7
9	6	5	8	3	7	1	2	4
5	8	6	2	7	1	4	3	9
3	2	7	4	9	5	6	8	1
1	9	4	3	8	6	5	7	2
6	4	9	5	2	8	7	1	3
2	5	8	7	1	3	9	4	6
7	3	1	6	4	9	2	5	8

Answer 95

6	5	3	7	1	2	4	9	8
7	1	9	6	4	8	2	3	5
4	8	2	3	5	9	6	7	1
8	2	7	4	6	5	3	1	9
3	6	5	9	7	1	8	2	4
1	9	4	2	8	3	5	6	7
9	7	8	5	3	6	1	4	2
5	4	6	1	2	7	9	8	3
2	3	1	8	9	4	7	5	6

Answer 96

1	8	6	3	5	4	2	9	7
2	4	3	9	7	6	8	1	5
7	5	9	1	2	8	4	6	3
4	3	1	7	6	2	5	8	9
6	9	8	4	1	5	3	7	2
5	2	7	8	3	9	6	4	1
9	6	5	2	4	7	1	3	8
3	7	2	6	8	1	9	5	4
8	1	4	5	9	3	7	2	6

POWER
ANSWER

Answer **97**

7	3	6	1	9	8	4	2	5
5	8	4	3	7	2	1	9	6
9	1	2	6	4	5	8	7	3
3	2	7	4	8	1	6	5	9
6	5	1	7	3	9	2	8	4
8	4	9	5	2	6	7	3	1
2	7	5	9	1	4	3	6	8
1	9	3	8	6	7	5	4	2
4	6	8	2	5	3	9	1	7

Answer **98**

6	8	9	4	5	1	7	3	2
2	1	3	9	6	7	8	5	4
4	7	5	8	3	2	1	6	9
1	5	6	3	9	4	2	7	8
3	2	4	7	8	6	9	1	5
7	9	8	1	2	5	6	4	3
9	6	7	2	4	3	5	8	1
5	3	2	6	1	8	4	9	7
8	4	1	5	7	9	3	2	6

Answer **99**

1	8	7	6	5	3	4	9	2
3	6	2	9	8	4	7	1	5
4	5	9	7	2	1	8	6	3
6	1	5	3	4	2	9	8	7
2	9	4	8	7	6	5	3	1
8	7	3	1	9	5	6	2	4
7	4	6	2	3	8	1	5	9
9	2	1	5	6	7	3	4	8
5	3	8	4	1	9	2	7	6

Answer **100**

3	8	1	6	7	9	5	4	2
4	9	5	2	8	1	3	6	7
6	2	7	3	4	5	1	8	9
2	1	6	8	9	7	4	3	5
8	5	9	4	1	3	7	2	6
7	4	3	5	6	2	8	9	1
5	6	8	1	2	4	9	7	3
9	3	4	7	5	6	2	1	8
1	7	2	9	3	8	6	5	4

Answer **101**

4	2	3	6	8	9	7	5	1
9	5	8	4	7	1	3	6	2
7	1	6	5	3	2	4	9	8
5	4	1	3	2	7	9	8	6
6	8	2	9	5	4	1	7	3
3	7	9	8	1	6	5	2	4
8	6	5	7	4	3	2	1	9
1	3	7	2	9	8	6	4	5
2	9	4	1	6	5	8	3	7

Answer **102**

9	3	5	7	4	2	6	8	1
1	7	4	8	6	9	3	5	2
6	2	8	5	1	3	7	9	4
5	4	7	2	9	1	8	6	3
3	9	1	6	5	8	2	4	7
2	8	6	3	7	4	5	1	9
7	5	9	1	3	6	4	2	8
8	1	3	4	2	5	9	7	6
4	6	2	9	8	7	1	3	5

Answer **103**

9	3	4	8	5	2	6	7	1
5	8	1	9	7	6	3	2	4
6	7	2	1	4	3	5	8	9
7	5	3	2	9	1	4	6	8
2	6	9	3	8	4	1	5	7
4	1	8	5	6	7	9	3	2
1	2	6	4	3	8	7	9	5
8	9	7	6	1	5	2	4	3
3	4	5	7	2	9	8	1	6

Answer **104**

1	6	8	2	4	7	5	9	3
9	7	4	3	5	8	6	2	1
2	5	3	9	1	6	4	7	8
6	1	9	4	7	3	8	5	2
8	2	5	1	6	9	3	4	7
3	4	7	5	8	2	9	1	6
7	8	2	6	9	5	1	3	4
4	9	6	7	3	1	2	8	5
5	3	1	8	2	4	7	6	9

Answer **105**

3	5	2	6	8	4	1	7	9
6	1	8	5	9	7	2	3	4
7	4	9	2	3	1	8	5	6
2	7	6	8	5	9	3	4	1
4	9	5	3	1	6	7	2	8
1	8	3	4	7	2	9	6	5
9	6	1	7	4	3	5	8	2
8	2	7	1	6	5	4	9	3
5	3	4	9	2	8	6	1	7

Answer **106**

1	8	5	7	6	9	3	2	4
9	3	7	4	2	5	1	6	8
4	2	6	3	8	1	9	7	5
3	4	8	9	7	2	6	5	1
7	6	1	8	5	3	2	4	9
5	9	2	1	4	6	8	3	7
6	1	4	2	9	7	5	8	3
8	5	3	6	1	4	7	9	2
2	7	9	5	3	8	4	1	6

Answer **107**

6	4	3	2	7	9	1	5	8
5	9	8	3	1	6	4	7	2
2	7	1	4	8	5	3	9	6
7	5	6	9	2	4	8	1	3
8	3	2	6	5	1	7	4	9
4	1	9	8	3	7	2	6	5
9	8	5	1	4	2	6	3	7
1	2	7	5	6	3	9	8	4
3	6	4	7	9	8	5	2	1

Answer **108**

9	8	3	1	5	2	7	6	4
5	2	1	4	6	7	8	3	9
6	4	7	3	9	8	5	1	2
3	7	2	5	1	9	4	8	6
1	9	8	6	7	4	2	5	3
4	5	6	8	2	3	9	7	1
8	3	5	2	4	6	1	9	7
2	6	9	7	8	1	3	4	5
7	1	4	9	3	5	6	2	8

A
N
S
W
E
R

POWER ANSWER

Answer 109

1	7	3	8	9	5	6	2	4
6	9	2	7	3	4	5	8	1
4	8	5	6	1	2	7	3	9
5	1	6	2	8	9	3	4	7
9	2	8	4	7	3	1	6	5
7	3	4	5	6	1	8	9	2
8	5	7	9	2	6	4	1	3
3	6	9	1	4	7	2	5	8
2	4	1	3	5	8	9	7	6

Answer 110

6	8	3	2	4	9	7	1	5
2	5	7	8	3	1	4	9	6
9	4	1	7	5	6	2	3	8
8	7	9	5	1	3	6	4	2
4	1	2	6	9	8	5	7	3
5	3	6	4	2	7	1	8	9
1	6	5	3	8	4	9	2	7
3	2	4	9	7	5	8	6	1
7	9	8	1	6	2	3	5	4

Answer 111

9	5	1	3	8	4	7	6	2
7	3	6	9	2	5	1	8	4
2	8	4	6	1	7	9	5	3
8	1	9	7	6	3	4	2	5
6	2	3	5	4	1	8	7	9
4	7	5	2	9	8	3	1	6
3	4	2	8	7	6	5	9	1
1	6	8	4	5	9	2	3	7
5	9	7	1	3	2	6	4	8

Answer 112

5	6	3	1	7	2	8	9	4
7	2	4	8	9	5	6	1	3
9	8	1	4	6	3	5	2	7
4	3	9	6	8	7	1	5	2
6	1	5	3	2	4	7	8	9
8	7	2	5	1	9	4	3	6
1	4	7	2	3	8	9	6	5
3	9	6	7	5	1	2	4	8
2	5	8	9	4	6	3	7	1

Answer 113

4	5	6	3	7	9	1	8	2
3	2	9	8	5	1	7	6	4
1	7	8	4	6	2	3	9	5
8	3	5	7	9	6	4	2	1
7	6	1	2	3	4	9	5	8
9	4	2	5	1	8	6	3	7
2	1	3	6	4	5	8	7	9
6	8	4	9	2	7	5	1	3
5	9	7	1	8	3	2	4	6

Answer 114

1	3	5	4	2	6	9	7	8
6	7	8	5	1	9	4	2	3
4	2	9	3	8	7	5	1	6
2	9	1	7	6	3	8	4	5
7	8	6	1	5	4	3	9	2
3	5	4	8	9	2	1	6	7
9	4	3	2	7	8	6	5	1
8	1	7	6	4	5	2	3	9
5	6	2	9	3	1	7	8	4

A

POWER SUDOKU

Answer 115

5	8	1	6	9	7	4	2	3
3	7	9	4	8	2	5	6	1
2	4	6	1	3	5	8	7	9
8	2	3	9	5	6	1	4	7
1	9	7	2	4	8	6	3	5
4	6	5	7	1	3	9	8	2
6	3	4	5	7	9	2	1	8
9	1	8	3	2	4	7	5	6
7	5	2	8	6	1	3	9	4

Answer 116

6	5	1	3	8	7	4	2	9
7	9	4	5	1	2	8	3	6
2	8	3	4	9	6	1	5	7
4	6	5	9	3	1	2	7	8
1	7	2	8	6	5	3	9	4
8	3	9	2	7	4	5	6	1
9	2	8	6	4	3	7	1	5
5	4	7	1	2	9	6	8	3
3	1	6	7	5	8	9	4	2

Answer 117

1	7	6	4	2	9	5	8	3
3	2	8	5	1	7	6	9	4
4	5	9	3	6	8	1	7	2
2	1	5	8	9	4	7	3	6
6	4	7	2	3	5	9	1	8
9	8	3	1	7	6	2	4	5
7	3	1	6	8	2	4	5	9
5	9	2	7	4	3	8	6	1
8	6	4	9	5	1	3	2	7

Answer 118

3	9	7	5	8	4	6	2	1
4	6	5	3	1	2	9	8	7
8	1	2	9	7	6	5	4	3
6	2	3	1	4	9	8	7	5
1	5	8	6	2	7	4	3	9
9	7	4	8	3	5	1	6	2
7	8	6	2	5	1	3	9	4
2	3	1	4	9	8	7	5	6
5	4	9	7	6	3	2	1	8

Answer 119

7	3	1	9	8	4	6	5	2
9	2	4	6	3	5	8	7	1
5	6	8	1	2	7	3	4	9
1	9	6	5	7	3	4	2	8
2	7	3	8	4	1	5	9	6
4	8	5	2	6	9	7	1	3
6	4	7	3	9	2	1	8	5
3	1	9	4	5	8	2	6	7
8	5	2	7	1	6	9	3	4

Answer 120

2	8	1	5	4	9	7	3	6
9	3	5	6	7	1	4	2	8
7	6	4	2	8	3	1	9	5
6	1	2	8	9	5	3	4	7
4	5	8	1	3	7	2	6	9
3	7	9	4	2	6	5	8	1
8	9	7	3	5	4	6	1	2
5	4	6	9	1	2	8	7	3
1	2	3	7	6	8	9	5	4

ANSWER

POWER ANSWER

Answer 121

6	3	1	9	5	8	4	7	2
4	7	2	1	6	3	9	5	8
8	5	9	7	4	2	3	6	1
5	1	4	3	2	7	8	9	6
3	9	6	8	1	4	7	2	5
2	8	7	6	9	5	1	3	4
1	2	5	4	3	9	6	8	7
7	6	3	5	8	1	2	4	9
9	4	8	2	7	6	5	1	3

Answer 122

5	1	9	7	6	8	2	4	3
3	2	6	9	4	5	8	7	1
7	4	8	2	1	3	5	9	6
4	9	3	8	2	6	7	1	5
2	5	7	1	3	9	4	6	8
6	8	1	5	7	4	3	2	9
9	7	4	3	5	1	6	8	2
1	6	5	4	8	2	9	3	7
8	3	2	6	9	7	1	5	4

Answer 123

7	8	9	1	5	4	6	3	2
1	2	5	6	8	3	4	9	7
4	6	3	7	9	2	1	8	5
3	4	6	5	2	1	8	7	9
9	7	1	8	3	6	2	5	4
2	5	8	4	7	9	3	6	1
8	9	2	3	4	7	5	1	6
6	3	4	9	1	5	7	2	8
5	1	7	2	6	8	9	4	3

Answer 124

6	7	3	2	4	9	8	5	1
8	2	5	1	6	7	4	3	9
9	4	1	5	8	3	2	6	7
2	1	6	8	7	5	9	4	3
5	9	4	3	2	6	7	1	8
7	3	8	4	9	1	5	2	6
4	8	7	6	1	2	3	9	5
1	5	9	7	3	4	6	8	2
3	6	2	9	5	8	1	7	4

Answer 125

5	6	7	8	2	3	1	9	4
1	3	8	7	9	4	2	5	6
2	9	4	1	6	5	8	7	3
3	2	9	5	7	6	4	1	8
7	4	5	3	8	1	6	2	9
8	1	6	9	4	2	7	3	5
6	5	3	2	1	8	9	4	7
9	8	2	4	3	7	5	6	1
4	7	1	6	5	9	3	8	2

Answer 126

4	7	9	3	6	8	1	5	2
1	6	3	7	2	5	4	8	9
5	8	2	1	9	4	6	7	3
6	2	8	5	7	9	3	1	4
7	5	1	4	3	2	8	9	6
3	9	4	8	1	6	7	2	5
9	3	6	2	8	1	5	4	7
2	1	5	6	4	7	9	3	8
8	4	7	9	5	3	2	6	1

POWER SUDOKU

Answer 127

5	2	8	6	9	4	1	3	7
3	9	4	8	7	1	5	2	6
7	1	6	3	5	2	4	9	8
1	7	9	2	3	8	6	5	4
6	5	3	1	4	7	9	8	2
4	8	2	5	6	9	7	1	3
9	4	5	7	2	3	8	6	1
8	3	7	9	1	6	2	4	5
2	6	1	4	8	5	3	7	9

Answer 128

5	1	2	4	9	6	7	8	3
9	8	3	5	1	7	6	4	2
7	6	4	8	3	2	1	9	5
4	7	6	2	5	8	9	3	1
3	2	9	7	6	1	4	5	8
8	5	1	3	4	9	2	6	7
2	4	8	9	7	5	3	1	6
1	3	7	6	8	4	5	2	9
6	9	5	1	2	3	8	7	4

Answer 129

7	8	6	1	3	9	5	2	4
5	3	2	4	7	8	9	6	1
4	1	9	2	6	5	8	7	3
8	2	1	6	9	3	7	4	5
6	7	4	8	5	1	3	9	2
3	9	5	7	4	2	6	1	8
1	4	7	3	8	6	2	5	9
2	5	8	9	1	7	4	3	6
9	6	3	5	2	4	1	8	7

Answer 130

1	9	8	4	2	5	6	3	7
4	2	7	9	6	3	8	5	1
6	3	5	1	7	8	9	2	4
8	5	4	6	1	9	3	7	2
9	7	1	2	3	4	5	6	8
2	6	3	8	5	7	4	1	9
7	4	6	5	9	1	2	8	3
5	1	9	3	8	2	7	4	6
3	8	2	7	4	6	1	9	5

Answer 131

8	9	6	2	7	1	5	4	3
7	3	4	5	6	9	1	8	2
5	2	1	4	3	8	6	7	9
4	7	2	1	5	6	9	3	8
1	5	3	9	8	4	2	6	7
6	8	9	7	2	3	4	1	5
3	4	8	6	9	2	7	5	1
9	1	5	8	4	7	3	2	6
2	6	7	3	1	5	8	9	4

Answer 132

4	6	8	5	7	3	9	1	2
3	2	5	8	9	1	7	4	6
9	1	7	4	6	2	5	8	3
5	8	6	9	2	4	1	3	7
1	4	9	7	3	6	8	2	5
2	7	3	1	8	5	6	9	4
8	3	1	6	4	7	2	5	9
7	5	2	3	1	9	4	6	8
6	9	4	2	5	8	3	7	1

POWER ANSWER

A

Answer 133

3	4	5	6	9	1	8	7	2
7	6	9	2	8	4	3	5	1
1	2	8	3	5	7	4	9	6
2	5	1	7	3	6	9	8	4
8	3	6	9	4	5	2	1	7
9	7	4	8	1	2	5	6	3
4	8	7	1	2	9	6	3	5
5	1	3	4	6	8	7	2	9
6	9	2	5	7	3	1	4	8

Answer 134

8	4	3	7	9	6	1	5	2
7	5	9	2	3	1	8	6	4
2	1	6	8	4	5	3	9	7
4	2	8	6	7	9	5	3	1
5	9	7	3	1	4	2	8	6
3	6	1	5	8	2	4	7	9
1	3	2	9	6	8	7	4	5
9	8	4	1	5	7	6	2	3
6	7	5	4	2	3	9	1	8

Answer 135

8	4	3	9	6	5	7	2	1
7	1	6	4	8	2	3	5	9
9	5	2	7	1	3	4	8	6
3	8	5	6	4	9	2	1	7
4	6	7	3	2	1	5	9	8
1	2	9	8	5	7	6	4	3
5	7	1	2	3	8	9	6	4
6	9	8	5	7	4	1	3	2
2	3	4	1	9	6	8	7	5

Answer 136

7	6	5	8	2	4	3	1	9
3	4	8	9	1	7	6	2	5
2	1	9	3	6	5	8	7	4
5	8	7	1	4	6	2	9	3
1	2	4	5	3	9	7	6	8
6	9	3	2	7	8	5	4	1
9	3	1	7	5	2	4	8	6
8	7	6	4	9	3	1	5	2
4	5	2	6	8	1	9	3	7

Answer 137

8	2	9	5	3	1	4	6	7
6	3	7	2	9	4	8	1	5
5	1	4	6	8	7	3	9	2
1	6	3	4	7	9	2	5	8
2	7	5	8	1	6	9	4	3
4	9	8	3	2	5	1	7	6
7	8	6	9	4	3	5	2	1
9	5	2	1	6	8	7	3	4
3	4	1	7	5	2	6	8	9

Answer 138

4	8	7	5	3	1	6	9	2
3	5	1	9	2	6	7	4	8
2	6	9	4	7	8	1	3	5
6	4	2	8	1	5	9	7	3
5	1	3	7	9	2	8	6	4
9	7	8	6	4	3	2	5	1
1	9	4	2	5	7	3	8	6
8	3	5	1	6	9	4	2	7
7	2	6	3	8	4	5	1	9

Answer 139

8	7	6	4	9	1	3	5	2
5	9	4	8	3	2	1	7	6
3	2	1	5	6	7	9	4	8
1	5	8	9	4	6	7	2	3
6	3	7	2	8	5	4	9	1
2	4	9	7	1	3	6	8	5
7	1	5	3	2	4	8	6	9
4	8	3	6	5	9	2	1	7
9	6	2	1	7	8	5	3	4

Answer 140

3	4	2	5	7	9	1	6	8
9	1	8	2	6	3	7	5	4
5	6	7	8	4	1	2	9	3
2	7	1	4	8	5	9	3	6
4	9	6	3	1	7	8	2	5
8	5	3	9	2	6	4	7	1
1	3	5	7	9	4	6	8	2
7	8	4	6	3	2	5	1	9
6	2	9	1	5	8	3	4	7

Answer 141

1	5	4	3	8	7	6	2	9
3	7	8	9	2	6	4	5	1
2	9	6	4	5	1	3	7	8
8	2	9	6	1	3	7	4	5
7	6	3	5	9	4	1	8	2
4	1	5	2	7	8	9	6	3
6	8	1	7	3	2	5	9	4
9	3	7	8	4	5	2	1	6
5	4	2	1	6	9	8	3	7

Answer 142

8	5	6	4	7	3	1	2	9
2	9	7	6	8	1	5	3	4
1	4	3	2	9	5	8	6	7
5	3	1	9	6	4	2	7	8
6	7	2	5	3	8	9	4	1
4	8	9	1	2	7	3	5	6
7	2	5	8	4	9	6	1	3
9	1	4	3	5	6	7	8	2
3	6	8	7	1	2	4	9	5

Answer 143

1	4	6	9	8	7	5	2	3
5	2	7	3	4	6	8	1	9
9	3	8	5	1	2	6	4	7
8	1	3	2	7	9	4	6	5
6	7	9	8	5	4	1	3	2
4	5	2	1	6	3	7	9	8
3	8	5	4	2	1	9	7	6
2	6	4	7	9	5	3	8	1
7	9	1	6	3	8	2	5	4

Answer 144

2	9	7	1	6	3	8	4	5
3	5	8	7	4	9	1	2	6
4	6	1	8	2	5	7	3	9
7	1	5	6	3	4	2	9	8
9	2	4	5	8	1	3	6	7
6	8	3	9	7	2	4	5	1
1	4	6	3	5	7	9	8	2
8	3	9	2	1	6	5	7	4
5	7	2	4	9	8	6	1	3

A
N
S
W
E
R

POWER ANSWER

Answer 145

6	1	4	5	3	7	2	8	9
8	3	5	9	2	6	1	4	7
9	2	7	1	4	8	6	3	5
4	6	1	7	9	2	8	5	3
2	5	8	3	6	4	7	9	1
3	7	9	8	1	5	4	6	2
1	4	3	2	8	9	5	7	6
7	9	6	4	5	1	3	2	8
5	8	2	6	7	3	9	1	4

Answer 146

5	8	2	1	7	3	9	4	6
7	6	4	9	8	2	5	1	3
9	3	1	4	6	5	2	8	7
1	5	8	3	2	6	7	9	4
2	4	6	7	5	9	8	3	1
3	7	9	8	1	4	6	5	2
8	2	3	5	4	7	1	6	9
4	1	7	6	9	8	3	2	5
6	9	5	2	3	1	4	7	8

Answer 147

5	7	4	6	3	2	8	9	1
1	9	2	7	5	8	3	4	6
8	6	3	1	4	9	2	7	5
3	2	5	4	6	1	7	8	9
7	4	9	5	8	3	1	6	2
6	8	1	9	2	7	5	3	4
9	3	6	2	7	5	4	1	8
2	1	8	3	9	4	6	5	7
4	5	7	8	1	6	9	2	3

Answer 148

8	2	3	9	5	1	4	7	6
7	6	4	8	2	3	1	5	9
5	9	1	4	7	6	3	8	2
2	7	6	3	8	9	5	4	1
4	1	8	5	6	2	7	9	3
9	3	5	1	4	7	2	6	8
6	8	7	2	3	4	9	1	5
3	5	9	7	1	8	6	2	4
1	4	2	6	9	5	8	3	7

Answer 149

3	5	8	1	6	2	9	7	4
9	2	4	7	8	5	3	6	1
7	6	1	4	9	3	5	8	2
8	9	3	6	1	7	2	4	5
6	4	7	2	5	9	1	3	8
2	1	5	3	4	8	6	9	7
1	3	2	8	7	6	4	5	9
4	7	9	5	3	1	8	2	6
5	8	6	9	2	4	7	1	3

Answer 150

5	4	2	6	8	7	3	9	1
8	9	1	4	3	5	6	2	7
7	6	3	2	1	9	4	8	5
1	5	6	9	4	3	8	7	2
4	2	8	7	6	1	5	3	9
3	7	9	5	2	8	1	6	4
6	3	4	1	9	2	7	5	8
2	1	5	8	7	6	9	4	3
9	8	7	3	5	4	2	1	6

POWER SUDOKU

A